高等数学习题课教程(下册)

王顺凤　吴亚娟　孟祥瑞　编
杨　阳　孙艾明

东南大学出版社
·南京·

内容提要

本书根据编者多年的教学实践与教改经验,结合教育部高教司颁布的本科非数学专业理工类、经济管理类《高等数学课程教学基本要求》编写而成.

全书分上、下两册出版,包括与一元函数的极限与连续、一元微积分及其应用、向量代数与解析几何、多元微积分、常微分方程、无穷级数等内容相配套的内容提要与归纳、典型例题分析、基础练习、强化训练、同步测试五个部分.

本书是下册部分,内容包括与向量代数与解析几何、多元微分学、重积分、曲线与曲面积分、常微分方程、无穷级数等内容相配套的内容提要与归纳、典型例题分析、基础练习、强化训练、同步测试五个部分.

为有利于学生自主学习,也考虑到便于教师的因材施教,书后还附有基础练习、强化训练、同步测试的参考答案等.

本书突出基本概念、基本公式与理论知识的应用,对于典型例题本书都按类给出重要题型的分析与小结,帮助学生自主学习时能把握解题方向,从而掌握解题的方法与技巧.全书结构严谨、逻辑清晰、说理浅显、通俗易懂.例题较多且有一定的代表性与梯度,基础练习、同步测试便于学生对基础知识与基本技能的自我练习与测试;强化训练则便于自我要求较高的学生进一步提高其解题能力,以满足优秀学生的学习需求.

本书可供高等院校理工、经管类专业高等数学课程的习题课的教材选择使用,也可作为学生考研复习及工程技术人员学习的参考书.

图书在版编目(CIP)数据

高等数学习题课教程.下册/王顺凤等编.—南京:东南大学出版社,2016.12(2020.1重印)

ISBN 978-7-5641-6361-7

Ⅰ.①高… Ⅱ.①王… Ⅲ.①高等数学—高等学校—教学参考资料 Ⅳ.①O13

中国版本图书馆 CIP 数据核字(2016)第 029651 号

高等数学习题课教程(下册)

出版发行	东南大学出版社
出 版 人	江建中
社　　址	南京市四牌楼 2 号
邮　　编	210096
经　　销	全国各地新华书店
印　　刷	兴化印刷有限责任公司
开　　本	700 mm×1000 mm　1/16
印　　张	10
字　　数	196 千字
版　　次	2016 年 2 月第 1 版
印　　次	2020 年 1 月第 5 次印刷
书　　号	ISBN 978-7-5641-6361-7
定　　价	24.00 元

(本社图书若有印装质量问题,请直接与营销部联系.电话:025-83791830)

前　言

本教材是按照教育部提出的高等教育面向 21 世纪教学内容和课程体系改革计划的精神，参照教育部制定的全国硕士研究生入学考试理、工、经管类数学考试大纲和南京信息工程大学理工、经管类高等数学教学大纲，以及 2004 年教育部高教司颁布的本科非数学专业理工类、经济管理类《高等数学课程教学基本要求》，并汲取近年来南京信息工程大学高等数学课程教学改革实践的经验，借鉴国内外同类院校数学教学改革的成功经验编写而成．本书力求具有以下特点：

（1）与现行使用的《高等数学》教材内容、要求相一致．既强调内容的完整性、实践性与应用性，又使学生对微积分及其应用有更深入的理解．

（2）对高等数学的有关内容重新做适当的整合与提炼．

（3）归纳常见的题型与解题技巧，提高学生的解题能力．

（4）注重增强学生应用数学知识解决实际问题的能力．

（5）适当增加考研技能的训练．增强基础内容与综合运用之间的衔接性．

（6）可以作为高等数学习题课教材选择使用．

（7）对例题作了精心选择，教材中例题丰富，既具有较好的代表性又有一定的梯度．适合各类读者的要求．

（8）可根据各类专业的需要选用，本书兼顾了理工、经管类各专业的教学要求，在使用本书时，参照各专业对数学教学的基本要求进行取舍．

本书由南京信息工程大学王顺凤、吴亚娟、孟祥瑞、杨阳、孙艾明等老师编写，由王顺凤老师统稿，由南京信息工程大学杨阳等老师校对，全书的所有编写人员集体认真地讨论了各章的书稿，刘红爱、咸亚丽、顾文亚、左相等许多老师都提出了宝贵的修改意见，全书的框架、定稿由王顺凤承担．

南京信息工程大学硕士生导师徐晶老师仔细审阅了全部书稿，提出了宝贵的修改意见，全体编写人员向徐晶老师表示衷心的感谢．

由于我们编写人员的水平所限，因此书中必有不少缺点和错误，敬请各位专家、同行和广大读者批评指正．

编者
2015 年 11 月

目 录

7 向量代数与空间解析几何 ······ 1

7.1 内容提要与归纳 ······ 1
7.1.1 向量代数 ······ 1
7.1.2 空间解析几何 ······ 4
7.2 典型例题分析 ······ 9
基础练习 7 ······ 14
强化训练 7 ······ 15
同步测试 7 ······ 20

8 多元函数微分学及其应用 ······ 22

8.1 内容提要与归纳 ······ 22
8.1.1 多元函数微分学 ······ 22
8.1.2 多元函数微分学的应用 ······ 25
8.2 典型例题分析 ······ 28
基础练习 8 ······ 34
强化训练 8 ······ 36
同步测试 8 ······ 41

9 重积分 ······ 44

9.1 内容提要与归纳 ······ 44
9.1.1 重积分的概念、性质 ······ 44
9.1.2 重积分的计算 ······ 45
9.1.3 重积分的应用 ······ 49
9.2 典型例题分析 ······ 50
基础练习 9 ······ 57
强化训练 9 ······ 59
同步测试 9 ······ 64

10 曲线积分与曲面积分 ······ 67

10.1 内容提要与归纳 ······ 67
10.1.1 曲线积分的概念、性质与计算 ······ 67
10.1.2 曲面积分的概念、性质与计算 ······ 71
10.2 典型例题分析 ······ 75
基础练习 10 ······ 81
强化训练 10 ······ 84
同步测试 10 ······ 89

11 微分方程 ······ 92

11.1 内容提要与归纳 ······ 92
11.1.1 一阶微分方程及其解法 ······ 92
11.1.2 二阶线性微分方程及其解法 ······ 94
11.1.3 欧拉方程及其解法 ······ 96
11.2 典型例题分析 ······ 96
基础练习 11 ······ 102
强化训练 11 ······ 104
同步测试 11 ······ 107

12 无穷级数 ······ 110

12.1 内容提要与归纳 ······ 110
12.1.1 常数项级数及其敛散性 ······ 110
12.1.2 幂级数 ······ 112
12.1.3 傅里叶级数的定义及其敛散性 ······ 115
12.2 典型例题分析 ······ 117
基础练习 12 ······ 126
强化训练 12 ······ 128
同步测试 12 ······ 133

参考答案 ······ 136

7 向量代数与空间解析几何

7.1 内容提要与归纳

7.1.1 向量代数

1) 向量的有关概念

（1）向量的定义

既有大小又有方向的量称为向量或矢量,记作 $a = \overrightarrow{AB}$,其中 A 是起点,B 是终点.

（2）向量的模与方向角

向量的大小称为向量的模,记作 $|a|$ 或 $|\overrightarrow{AB}|$.

非零向量 a 分别与三条坐标轴正向的夹角 α, β, γ 称为向量 a 的方向角,$\cos\alpha$,$\cos\beta$,$\cos\gamma$ 称为向量 a 的方向余弦.

（3）几个特殊的向量

① 单位向量:模为 1 的向量称为单位向量,和 a 同向的单位向量用 a^0 表示,则 $a^0 = \dfrac{a}{|a|}$.

② 负向量:与向量 a 大小相等、方向相反的向量称为 a 的负向量,记作 $-a$.

③ 零向量:模为零的向量称为零向量(方向任意确定),记作 **0**.

2) 向量在轴上的投影

（1）向量在轴上的投影的定义

设向量 $\overrightarrow{AB}$ 的起点 A 与终点 B 在轴 l 上的投影分别为 A' 及 B',则称轴 l 上有向线段 $\overrightarrow{A'B'}$ 的值 $A'B'$ 为向量 $\overrightarrow{AB}$ 在轴 l 上的投影,记作 $\mathrm{Prj}_l \overrightarrow{AB}$ 或 $(\overrightarrow{AB})_l$.

（2）向量投影的基本公式及性质

$$\mathrm{Prj}_a b = |b|\cos(\widehat{a,b}) = \dfrac{a \cdot b}{|a|}$$

$$\mathrm{Prj}(\lambda a + \mu b) = \lambda \mathrm{Prj} a + \mu \mathrm{Prj} b$$

3) 向量的线性运算

（1）向量的加减法

向量加法遵守平行四边形法则(如图 7-1 所示)和三角形法则(如图 7-2 所示).

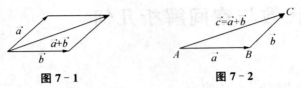

图 7-1   图 7-2

(2) 向量的加法满足的运算规律

① 交换律:$\boldsymbol{a}+\boldsymbol{b}=\boldsymbol{b}+\boldsymbol{a}$.

② 结合律:$(\boldsymbol{a}+\boldsymbol{b})+\boldsymbol{c}=\boldsymbol{a}+(\boldsymbol{b}+\boldsymbol{c})$.

(3) 数乘向量

设 λ 为一实数,则 $\lambda\boldsymbol{a}$ 为一向量,其大小 $|\lambda\boldsymbol{a}|=|\lambda|\cdot|\boldsymbol{a}|$,其方向满足:当 $\lambda>0$ 时,与 $\boldsymbol{a}$ 同向;当 $\lambda<0$ 时,与 $\boldsymbol{a}$ 反向;当 $\lambda=0$ 时,$\lambda\boldsymbol{a}=0\boldsymbol{a}=\boldsymbol{0}$.

(4) 数乘向量满足的运算规律

① 结合律:$\lambda(\mu\boldsymbol{a})=\mu(\lambda\boldsymbol{a})=(\lambda\mu)\boldsymbol{a}$.

② 分配律:$(\lambda+\mu)\boldsymbol{a}=\lambda\boldsymbol{a}+\mu\boldsymbol{a}$,$\lambda(\boldsymbol{a}+\boldsymbol{b})=\lambda\boldsymbol{a}+\lambda\boldsymbol{b}$.

4) 向量的坐标表示

(1) 向量的坐标表达式

设 $\boldsymbol{i},\boldsymbol{j},\boldsymbol{k}$ 为与 x,y,z 轴正向方向一致的基本单位向量,$A(x_1,y_1,z_1)$ 是向量 $\boldsymbol{a}$ 的起点,$B(x_2,y_2,z_2)$ 是 $\boldsymbol{a}$ 的终点,则向量 $\boldsymbol{a}$ 的坐标表达式为

$$\boldsymbol{a}=\overrightarrow{AB}=(x_2-x_1,y_2-y_1,z_2-z_1)=(a_x,a_y,a_z)=a_x\boldsymbol{i}+a_y\boldsymbol{j}+a_z\boldsymbol{k}$$

其模为

$$|\boldsymbol{a}|=\sqrt{a_x^2+a_y^2+a_z^2}$$

其方向余弦为

$$\cos\alpha=\frac{a_x}{|\boldsymbol{a}|},\cos\beta=\frac{a_y}{|\boldsymbol{a}|},\cos\gamma=\frac{a_z}{|\boldsymbol{a}|}$$

且有

$$\cos^2\alpha+\cos^2\beta+\cos^2\gamma=1$$

(2) 向量的线性运算的坐标公式

设 $\boldsymbol{a}=(a_1,a_2,a_3),\boldsymbol{b}=(b_1,b_2,b_3)$,则有

$$\boldsymbol{a}\pm\boldsymbol{b}=[(a_1\pm b_1),(a_2\pm b_2),(a_3\pm b_3)]$$

$$\lambda\boldsymbol{a}=(\lambda a_1,\lambda a_2,\lambda a_3)$$

5) 数量积运算及其应用

(1) 数量积的定义

$$a \cdot b = |a||b|\cos(\widehat{a,b}) = |b|\text{Prj}_b a = |a|\text{Prj}_a b$$

(2) 数量积的坐标公式
$$a \cdot b = a_1 b_1 + a_2 b_2 + a_3 b_3$$

(3) 数量积满足的运算规律

① 交换律:$a \cdot b = b \cdot a$.

② 分配律:$(a+b) \cdot c = a \cdot c + b \cdot c$.

③ 结合律:$(\lambda a) \cdot b = \lambda(a \cdot b)$,$\lambda$ 为实数.

(4) 数量积的应用

① $|a| = \sqrt{a^2} = \sqrt{a_1^2 + a_2^2 + a_3^2}$.

② $a \perp b \Leftrightarrow a \cdot b = a_1 b_1 + a_2 b_2 + a_3 b_3 = 0$.

③ 两向量的夹角公式:
$$\cos\theta = \frac{a \cdot b}{|a||b|} = \frac{a_1 b_1 + a_2 b_2 + a_3 b_3}{\sqrt{a_1^2 + a_2^2 + a_3^2} \cdot \sqrt{b_1^2 + b_2^2 + b_3^2}}$$

6) 向量积运算及其应用

(1) 向量积的定义

两个向量 a 与 b 的向量积是一个向量,记作 $c = a \times b$,它的模和方向分别规定如下:

① $c = a \times b$ 的模:$|a \times b| = |a||b|\sin(\widehat{a,b})$.

② $c = a \times b$ 的方向:既垂直于 a 又垂直于 b,即垂直于 a,b 所在的平面,其指向服从按顺序 a,b,c 的右手定则.

(2) 向量积(叉积)的坐标计算公式

$$a \times b = \begin{vmatrix} i & j & k \\ a_1 & a_2 & a_3 \\ b_1 & b_2 & b_3 \end{vmatrix}$$

(3) 向量积满足的运算规律

① 反交换律:$a \times b = -b \times a$.

② 分配律:$(a+b) \times c = a \times c + b \times c$.

③ 结合律:$(\lambda a) \times b = a \times (\lambda b) = \lambda(a \times b)$,$\lambda$ 为实数.

(4) 向量积的应用

① 一个同时垂直于 a,b 或 a,b 所在平面的向量:$\lambda a \times b = \lambda \begin{vmatrix} i & j & k \\ a_1 & a_2 & a_3 \\ b_1 & b_2 & b_3 \end{vmatrix}$.

② $a \parallel b \Leftrightarrow \exists \lambda,$ 使得 $a = \lambda b \Leftrightarrow a \times b = 0 \Leftrightarrow \dfrac{a_1}{b_1} = \dfrac{a_2}{b_2} = \dfrac{a_3}{b_3}.$

③ 以 a,b 为相邻两边的平行四边形的面积：

$$S_{\square} = |a||b|\sin(\widehat{a,b}) = |a \times b| = \begin{vmatrix} i & j & k \\ a_1 & a_2 & a_3 \\ b_1 & b_2 & b_3 \end{vmatrix} \text{的模}$$

④ 不共线的空间三点 A,B,C 构成的三角形面积为 $S = \dfrac{1}{2}|\overrightarrow{AB} \times \overrightarrow{AC}|.$

7) 混合积运算及其应用

(1) 混合积的定义

混合积是一个数量，其值为：$[a\, b\, c] = (a \times b) \cdot c.$

(2) 混合积的坐标计算公式

设 $a = a_1 i + a_2 j + a_3 k, b = b_1 i + b_2 j + b_3 k, c = c_1 i + c_2 j + c_3 k,$ 则

$$[a\, b\, c] = (a \times b) \cdot c = \begin{vmatrix} a_1 & a_2 & a_3 \\ b_1 & b_2 & b_3 \\ c_1 & c_2 & c_3 \end{vmatrix}$$

(3) 混合积的应用

① 三个非零向量 a,b,c 共面 $\Leftrightarrow (a \times b) \cdot c = 0 \Leftrightarrow \begin{vmatrix} a_1 & a_2 & a_3 \\ b_1 & b_2 & b_3 \\ c_1 & c_2 & c_3 \end{vmatrix} = 0.$

② 以 a,b,c 为相邻棱的平行六面体的体积为 $V = |(a \times b) \cdot c| = \begin{vmatrix} a_1 & a_2 & a_3 \\ b_1 & b_2 & b_3 \\ c_1 & c_2 & c_3 \end{vmatrix}$ 的绝对值.

7.1.2 空间解析几何

1) 空间曲面及其方程

(1) 曲面方程

若曲面 Σ 上每一点的坐标都满足方程 $F(x,y,z) = 0,$ 且满足方程 $F(x,y,z) = 0$ 的解对应的点都在曲面 Σ 上，则称方程 $F(x,y,z) = 0$ 为曲面 Σ 的方程，称曲面 Σ 为方程 $F(x,y,z) = 0$ 的图形.

(2) 球面方程

以点 (a,b,c) 为球心，半径为 R 的球面的方程为 $(x-a)^2 + (y-b)^2 + (z-c)^2 = R^2.$

（3）旋转曲面方程

平面曲线 C 绕与其在同一平面上的直线 L 旋转一周所形成的曲面称为旋转曲面，曲线 C 称为旋转曲面的准线，直线 L 称为旋转曲面的轴，曲线 C 在旋转过程中的每一条动曲线都称为旋转曲面的母线。

如 xOy 面上的曲线 $f(x,y)=0$ 分别绕 x 轴、y 轴旋转一周所形成的旋转曲面的方程分别为 $f(x,\pm\sqrt{y^2+z^2})=0$ 与 $f(\pm\sqrt{x^2+z^2},y)=0$。同理可得其他坐标面上的曲线绕其坐标面上的坐标轴旋转一周所形成的旋转曲面的方程。

（4）柱面方程

直线 L 沿定曲线 C 按某一固定方向平行移动所形成的曲面称为柱面，定曲线 C 称为柱面的准线，动直线 L 称为柱面的母线。

① 以 xOy 上的曲线 $f(x,y)=0$ 为准线，其母线平行于 z 轴的柱面方程为
$$f(x,y)=0$$

② 以 zOx 上的曲线 $f(x,z)=0$ 为准线，其母线平行于 y 轴的柱面方程为
$$f(x,z)=0$$

③ 以 yOz 上的曲线 $f(y,z)=0$ 为准线，其母线平行于 x 轴的柱面方程为
$$f(y,z)=0$$

（5）二次曲面方程

在空间直角坐标系中，称二次方程对应的图形为二次曲面。

常见的二次曲面方程有：

① 球面方程 $(x-x_0)^2+(y-y_0)^2+(z-z_0)^2=R^2$。

② 椭球面方程 $\dfrac{x^2}{a^2}+\dfrac{y^2}{b^2}+\dfrac{z^2}{c^2}=1$。

③ 锥面方程 $\dfrac{x^2}{a^2}+\dfrac{y^2}{b^2}-\dfrac{z^2}{c^2}=0$。

④ 旋转曲面方程 $F(x,\pm\sqrt{y^2+z^2})=0$ 或 $F(\pm\sqrt{x^2+z^2},y)=0$ 或 $F(\pm\sqrt{x^2+y^2},z)=0$。

⑤ 椭圆抛物面方程 $kz+m=\dfrac{x^2}{a^2}+\dfrac{y^2}{b^2}$。

⑥ 单叶双曲面方程 $\dfrac{x^2}{a^2}+\dfrac{y^2}{b^2}-\dfrac{z^2}{c^2}=1$。

⑦ 双叶双曲面方程 $\dfrac{x^2}{a^2}-\dfrac{y^2}{b^2}+\dfrac{z^2}{c^2}=-1$。

2）空间曲线及其方程

（1）空间曲线的一般式方程

$$\begin{cases} F(x,y,z) = 0 \\ G(x,y,z) = 0 \end{cases}$$

(2) 空间曲线的参数式方程

$$\begin{cases} x = x(t) \\ y = y(t) \\ z = z(t) \end{cases} \quad (t \text{ 为参数})$$

(3) 空间曲线在坐标面上的投影

设空间曲线 C 的方程为 $\begin{cases} F(x,y,z) = 0 \\ G(x,y,z) = 0 \end{cases}$.

① 将空间曲线 C 的方程组中消去 z 得到的曲面方程 $H(x,y) = 0$ 即为母线平行于 z 轴的柱面,该柱面 $H(x,y) = 0$ 为曲线 C 关于 xOy 坐标面的投影柱面.

方程组 $\begin{cases} H(x,y) = 0 \\ z = 0 \end{cases}$ 表示的曲线就是曲线 C 在 xOy 坐标面上的投影曲线.

② 将空间曲线 C 的方程组中消去 x 得到的曲面方程 $G(y,z) = 0$ 即为曲线 C 关于 yOz 坐标面的投影柱面.

方程组 $\begin{cases} G(y,z) = 0 \\ x = 0 \end{cases}$ 表示的曲线就是曲线 C 在 yOz 坐标面上的投影曲线.

③ 将空间曲线 C 的方程组中消去 y 得到的曲面方程 $R(x,z) = 0$ 即为曲线 C 关于 xOz 坐标面的投影柱面.

方程组 $\begin{cases} R(x,z) = 0 \\ y = 0 \end{cases}$ 表示的曲线就是曲线 C 在 xOz 坐标面上的投影曲线.

3) 平面方程

(1) 平面的点法式方程

设 $\boldsymbol{n} = (A,B,C)$ 为平面的法向量,$P(x_0, y_0, z_0)$ 是平面上的一定点,则平面的点法式方程为

$$A(x - x_0) + B(y - y_0) + C(z - z_0) = 0$$

(2) 平面的一般式方程

设平面的法向量为 $\boldsymbol{n} = (A,B,C)$,则平面的一般式方程为

$$Ax + By + Cz + D = 0$$

(3) 平面的截距式方程

设 a, b, c 分别为平面在 x 轴,y 轴,z 轴上的截距,当 $abc \neq 0$ 时则平面的截距式方程为

$$\frac{x}{a} + \frac{y}{b} + \frac{z}{c} = 1$$

4) 直线方程

(1) 空间直线的一般式方程

设过直线的两个平面为 $A_1x + B_1y + C_1z + D_1 = 0$ 与 $A_2x + B_2y + C_2z + D_2 = 0$，则该直线的一般式方程为

$$\begin{cases} A_1x + B_1y + C_1z + D_1 = 0 \\ A_2x + B_2y + C_2z + D_2 = 0 \end{cases}$$

(2) 空间直线的对称式（点向式或标准式）方程

设直线上的一定点为 $P(x_0, y_0, z_0)$，方向向量为 $\boldsymbol{s} = (m, n, p)$，则空间直线的对称式（点向式或标准式）方程为

$$\frac{x - x_0}{m} = \frac{y - y_0}{n} = \frac{z - z_0}{p}$$

(3) 空间直线的参数式方程

$$\begin{cases} x = x_0 + mt \\ y = y_0 + nt \\ z = z_0 + pt \end{cases} \quad (t \text{ 为参数})$$

5) 平面与直线的位置关系

(1) 两个平面之间的位置关系

设两个平面 Π_1 与 Π_2 的方程分别为

$$\Pi_1 : A_1x + B_1y + C_1z + D_1 = 0$$
$$\Pi_2 : A_2x + B_2y + C_2z + D_2 = 0$$

则其法向量分别为 $\boldsymbol{n}_1 = (A_1, B_1, C_1)$，$\boldsymbol{n}_2 = (A_2, B_2, C_2)$，且有如下结论：

① $\Pi_1 \parallel \Pi_2 \Leftrightarrow \boldsymbol{n}_1 \parallel \boldsymbol{n}_2 \Leftrightarrow \dfrac{A_1}{A_2} = \dfrac{B_1}{B_2} = \dfrac{C_1}{C_2} \neq \dfrac{D_1}{D_2}$.

② Π_1 与 Π_2 重合 $\Leftrightarrow \dfrac{A_1}{A_2} = \dfrac{B_1}{B_2} = \dfrac{C_1}{C_2} = \dfrac{D_1}{D_2}$.

③ Π_1 与 Π_2 相交：设平面 Π_1 与 Π_2 的夹角为 θ，则

$$\cos\theta = |\cos(\widehat{\boldsymbol{n}_1, \boldsymbol{n}_2})| = \frac{|A_1A_2 + B_1B_2 + C_1C_2|}{\sqrt{A_1^2 + B_1^2 + C_1^2} \cdot \sqrt{A_2^2 + B_2^2 + C_2^2}} \quad \left(0 \leqslant \theta \leqslant \frac{\pi}{2}\right)$$

(2) 两条直线之间的位置关系

设直线 L_1 与 L_2 的方程分别为

$$L_1 : \frac{x - x_1}{m_1} = \frac{y - y_1}{n_1} = \frac{z - z_1}{p_1}$$

$$L_2 : \frac{x - x_2}{m_2} = \frac{y - y_2}{n_2} = \frac{z - z_2}{p_2}$$

则其方向向量分别为 $\boldsymbol{s}_1=(m_1,n_1,p_1)$, $\boldsymbol{s}_2=(m_2,n_2,p_2)$,且有如下结论：

① $L_1 \parallel L_2 \Leftrightarrow \boldsymbol{s}_1 \parallel \boldsymbol{s}_2 \Leftrightarrow \dfrac{m_1}{m_2}=\dfrac{n_1}{n_2}=\dfrac{p_1}{p_2}$.

② $L_1 \perp L_2 \Leftrightarrow \boldsymbol{s}_1 \perp \boldsymbol{s}_2 \Leftrightarrow m_1 m_2+n_1 n_2+p_1 p_2=0$.

③ L_1 与 L_2 交叉：设直线 L_1 与 L_2 的夹角为 θ,则

$$\cos\theta=|\cos(\widehat{\boldsymbol{s}_1,\boldsymbol{s}_2})|=\dfrac{|\boldsymbol{s}_1\cdot\boldsymbol{s}_2|}{|\boldsymbol{s}_1||\boldsymbol{s}_2|}=\dfrac{|m_1 m_2+n_1 n_2+p_1 p_2|}{\sqrt{m_1^2+n_1^2+p_1^2}\cdot\sqrt{m_2^2+n_2^2+p_2^2}}$$

(3) 直线与平面的位置关系

设直线 L 与平面 Π 的方程分别为

$$L:\dfrac{x-x_0}{m}=\dfrac{y-y_0}{n}=\dfrac{z-z_0}{p}$$

$$\Pi:Ax+By+Cz+D=0$$

则 L 的方向向量为 $\boldsymbol{s}=(m,n,p)$,平面 Π 的法向量为 $\boldsymbol{n}=(A,B,C)$,且有如下结论：

① $L \parallel \Pi \Leftrightarrow \boldsymbol{s} \perp \boldsymbol{n} \Leftrightarrow mA+nB+pC=0$.

② $L \perp \Pi \Leftrightarrow \boldsymbol{s} \parallel \boldsymbol{n} \Leftrightarrow \dfrac{m}{A}=\dfrac{n}{B}=\dfrac{p}{C}$.

③ 直线 L 与平面 Π 相交,则直线 L 与它在平面上的投影线间的夹角 $\varphi\left(0\leqslant\varphi\leqslant\dfrac{\pi}{2}\right)$ 称为直线与平面的夹角. 有

$$\sin\varphi=|\cos(\widehat{\boldsymbol{n},\boldsymbol{s}})|=\dfrac{|\boldsymbol{n}\cdot\boldsymbol{s}|}{|\boldsymbol{n}||\boldsymbol{s}|}=\dfrac{|Am+Bn+Cp|}{\sqrt{A^2+B^2+C^2}\cdot\sqrt{m^2+n^2+p^2}}$$

6) 距离公式

(1) 点 $P_1(x_1,y_1,z_1)$ 到直线 $\dfrac{x-x_0}{l}=\dfrac{y-y_0}{m}=\dfrac{z-z_0}{n}$ 的距离

$$d=\dfrac{|\boldsymbol{s}\times\overrightarrow{P_1 P_0}|}{|\boldsymbol{s}|}=\dfrac{\begin{vmatrix}\boldsymbol{i}&\boldsymbol{j}&\boldsymbol{k}\\l&m&n\\x_1-x_0&y_1-y_0&z_1-z_0\end{vmatrix}\text{的模}}{\sqrt{l^2+m^2+n^2}}$$

(2) 点 $P_0(x_0,y_0,z_0)$ 到平面 $Ax+By+Cz+D=0$ 的距离

$$d=\dfrac{|Ax_0+By_0+Cz_0+D|}{\sqrt{A^2+B^2+C^2}}$$

(3) 两直线间的距离

设两直线 L_1,L_2 为异面直线,其方向向量分别为 $\boldsymbol{s}_1$、$\boldsymbol{s}_2$,A,B 分别为 L_1,L_2 上两点,则 L_1 与 L_2 之间的距离为

$$d = \frac{|(\mathbf{s}_1 \times \mathbf{s}_2) \cdot \overrightarrow{AB}|}{|\mathbf{s}_1 \times \mathbf{s}_2|}$$

7) 平面束方程

过平面 $A_1x + B_1y + C_1z + D_1 = 0$ 与平面 $A_2x + B_2y + C_2z + D_2 = 0$ 的交线的平面束方程为

$$\lambda(A_1x + B_1y + C_1z + D_1) + \mu(A_2x + B_2y + C_2z + D_2) = 0$$

其中不包含第一张平面的平面束方程为

$$\lambda(A_1x + B_1y + C_1z + D_1) + (A_2x + B_2y + C_2z + D_2) = 0$$

其中不包含第二张平面的平面束方程为

$$(A_1x + B_1y + C_1z + D_1) + \lambda(A_2x + B_2y + C_2z + D_2) = 0$$

7.2 典型例题分析

例1 设 $\mathbf{a}, \mathbf{b}, \mathbf{c}$ 为单位向量,且满足 $\mathbf{a} + \mathbf{b} + \mathbf{c} = \mathbf{0}$,求 $\mathbf{a} \cdot \mathbf{b} + \mathbf{a} \cdot \mathbf{c} + \mathbf{b} \cdot \mathbf{c}$.

解 由 $\mathbf{a} + \mathbf{b} + \mathbf{c} = \mathbf{0}$,得

$$(\mathbf{a} + \mathbf{b} + \mathbf{c})^2 = |\mathbf{a}|^2 + |\mathbf{b}|^2 + |\mathbf{c}|^2 + 2(\mathbf{a} \cdot \mathbf{b} + \mathbf{a} \cdot \mathbf{c} + \mathbf{b} \cdot \mathbf{c})$$

则由题设可知

$$0 = 3 + 2(\mathbf{a} \cdot \mathbf{b} + \mathbf{a} \cdot \mathbf{c} + \mathbf{b} \cdot \mathbf{c})$$

解得

$$\mathbf{a} \cdot \mathbf{b} + \mathbf{a} \cdot \mathbf{c} + \mathbf{b} \cdot \mathbf{c} = -\frac{3}{2}$$

> **小结**:已知向量的和求向量的点积或模的问题时常利用点积的性质: $\mathbf{a}^2 = \mathbf{a} \cdot \mathbf{a} = |\mathbf{a}|^2$.

例2 设 $\mathbf{a} + 3\mathbf{b}$ 与 $7\mathbf{a} - 5\mathbf{b}$ 垂直,$\mathbf{a} - 4\mathbf{b}$ 与 $7\mathbf{a} - 2\mathbf{b}$ 垂直,求 $\mathbf{a}$ 与 $\mathbf{b}$ 之间的夹角.

解 由于 $\mathbf{a} + 3\mathbf{b} \perp 7\mathbf{a} - 5\mathbf{b}$,所以 $(\mathbf{a} + 3\mathbf{b}) \cdot (7\mathbf{a} - 5\mathbf{b}) = 0$,即

$$7|\mathbf{a}|^2 - 15|\mathbf{b}|^2 + 16\mathbf{a} \cdot \mathbf{b} = 0 \tag{1}$$

又由于 $\mathbf{a} - 4\mathbf{b} \perp 7\mathbf{a} - 2\mathbf{b}$,所以 $(\mathbf{a} - 4\mathbf{b}) \cdot (7\mathbf{a} - 2\mathbf{b}) = 0$,即

$$7|\mathbf{a}|^2 + 8|\mathbf{b}|^2 - 30\mathbf{a} \cdot \mathbf{b} = 0 \tag{2}$$

由(1)、(2)式解得: $|\mathbf{a}|^2 = |\mathbf{b}|^2 = 2\mathbf{a} \cdot \mathbf{b}$,所以 $\cos(\widehat{\mathbf{a}, \mathbf{b}}) = \dfrac{\mathbf{a} \cdot \mathbf{b}}{|\mathbf{a}||\mathbf{b}|} = \dfrac{1}{2}$,

即 $(\widehat{\mathbf{a}, \mathbf{b}}) = \dfrac{\pi}{3}$.

小结:已知向量之间垂直关系求向量的点积或模或夹角等问题时常利用点积的公式或性质:
$$\boldsymbol{a} \cdot \boldsymbol{b} = |\boldsymbol{a}||\boldsymbol{b}|\cos(\widehat{\boldsymbol{a},\boldsymbol{b}}) \text{ 或 } \cos(\widehat{\boldsymbol{a},\boldsymbol{b}}) = \frac{\boldsymbol{a}\cdot\boldsymbol{b}}{|\boldsymbol{a}||\boldsymbol{b}|}$$

例 3 已知三点 $A(1,0,-1), B(1,-2,0), C(-1,2,-1)$,求:(1) $\overrightarrow{AB} \cdot \overrightarrow{AC}$;(2) 以 A,B,C 为顶点的三角形的面积.

解 (1) $\overrightarrow{AB} = (0,-2,1), \overrightarrow{AC} = (-2,2,0)$,则 $\overrightarrow{AB} \cdot \overrightarrow{AC} = -4$.

(2) $\overrightarrow{AB} \times \overrightarrow{AC} = \begin{vmatrix} \boldsymbol{i} & \boldsymbol{j} & \boldsymbol{k} \\ 0 & -2 & 1 \\ -2 & 2 & 0 \end{vmatrix} = \{-2, -2, -4\}$

$$S_{\triangle ABC} = \frac{1}{2}|\overrightarrow{AB} \times \overrightarrow{AC}| = \frac{1}{2}\sqrt{4+4+16} = \frac{1}{2}\sqrt{24} = \sqrt{6}$$

小结:求三角形的面积时常利用向量的叉积的模的几何意义.

例 4 求过点 $(0,2,4)$ 且与两平面 $x+2z=1$ 和 $y-3z=2$ 平行的直线方程.

解 由题设可知,两已知平面的法向量分别为:$\boldsymbol{n}_1 = \boldsymbol{i}+2\boldsymbol{k}, \boldsymbol{n}_2 = \boldsymbol{j}-3\boldsymbol{k}$,则所求直线的方向向量为

$$\boldsymbol{s} = \boldsymbol{n}_1 \times \boldsymbol{n}_2 = \begin{vmatrix} \boldsymbol{i} & \boldsymbol{j} & \boldsymbol{k} \\ 1 & 0 & 2 \\ 0 & 1 & -3 \end{vmatrix} = -2\boldsymbol{i}+3\boldsymbol{j}+\boldsymbol{k}$$

由点向式得所求直线方程为

$$-\frac{x}{2} = \frac{y-2}{3} = \frac{z-4}{1}$$

小结:求直线方程的方法如下:
① 当已知直线上的一个点及其方向向量时常利用直线方程的点向式求;
② 当已知经过直线的两张平面时常利用直线方程的一般式求;
③ 当已知直线的三个截距时常利用直线方程的截距式求.

例 5 求通过直线 $\frac{x-1}{2} = \frac{y+2}{3} = \frac{z+3}{4}$ 且平行于直线 $\frac{x}{1} = \frac{y}{1} = \frac{z}{2}$ 的平面方程.

解 解法一:由于所求平面通过直线

$$\frac{x-1}{2} = \frac{y+2}{3} = \frac{z+3}{4}$$

且平行于直线 $\frac{x}{1} = \frac{y}{1} = \frac{z}{2}$，则所求平面的法向量 n 应同时垂直于两条直线的方向向量，即

$$n = (2,3,4) \times (1,1,2) = \begin{vmatrix} i & j & k \\ 2 & 3 & 4 \\ 1 & 1 & 2 \end{vmatrix} = (2,0,-1)$$

且过点 $(1,-2,-3)$，因此，由点法式得所求平面方程为

$$2(x-1) - (z+3) = 0$$

即

$$2x - z - 5 = 0$$

解法二：直线 $\frac{x-1}{2} = \frac{y+2}{3} = \frac{z+3}{4}$ 的一般式方程为 $\begin{cases} 3x - 2y - 7 = 0 \\ 4y - 3z - 1 = 0 \end{cases}$，则过直线 $\frac{x-1}{2} = \frac{y+2}{3} = \frac{z+3}{4}$ 的平面束方程为

$$3x - 2y - 7 + \lambda(4y - 3z - 1) = 0$$

即

$$3x + (4\lambda - 2)y - 3\lambda z - 7 - \lambda = 0$$

则其法向量为

$$n = (3, 4\lambda - 2, -3\lambda)$$

由于所求平面平行于直线 $\frac{x}{1} = \frac{y}{1} = \frac{z}{2}$，其方向向量为：$s = (1,1,2)$，则所求平面的法线与该直线的方向向量互相垂直，即有

$$3 + (4\lambda - 2) - 6\lambda = 0$$

解得 $\lambda = \frac{1}{2}$，则所求平面方程为

$$3x - \frac{3}{2}z - 7 - \frac{1}{2} = 0$$

即

$$2x - z - 5 = 0$$

例 6 求平行于平面 $6x + y - 6z + 5 = 0$，且与三坐标面所成四面体体积为 1 的平面方程.

解 由题设可设所求平面方程为 $6x + y - 6z = d$，即 $\frac{x}{\frac{d}{6}} + \frac{y}{d} - \frac{z}{\frac{d}{6}} = 1$，

则
$$V = \frac{1}{6}\left|\frac{d}{6} \cdot d \cdot \left(-\frac{d}{6}\right)\right| = 1 \Rightarrow d = \pm 6$$
则所求平面方程为
$$6x + y - 6z = \pm 6$$

> **小结**：求平面方程的方法如下：
> ① 当已知平面上的一个点及其法向量时常利用平面方程的点法式求；
> ② 当已知平面满足的三个条件时常利用平面方程的一般式求；
> ③ 当已知平面的三个截距时常利用平面方程的截距式求；
> ④ 当已知平面经过某直线时常利用平面束方程求.

例 7 求过点 $P_0(-1,0,4)$ 且平行于平面 $3x-4y+z-10=0$，又与直线 $\frac{x+1}{1} = \frac{y-3}{1} = \frac{z}{2}$ 相交的直线方程.

解 设两直线交点为 $P_1(x,y,z)$，则 $\begin{cases} x = -1+t \\ y = 3+t \\ z = 2t \end{cases}$（$t$ 为待定系数）.

故所求直线的方向向量为 $\boldsymbol{s} = \overrightarrow{P_1P_0} = \{x+1, y, z-4\} = \{t, 3+t, 2t-4\}$.

因为所求直线平行于平面，$\boldsymbol{n} = (3,-4,1)$，所以 $\boldsymbol{s} \perp \boldsymbol{n} \Rightarrow \boldsymbol{s} \cdot \boldsymbol{n} = 0$，即
$$t \cdot 3 + (3+t) \cdot (-4) + (2t-4) \cdot 1 = 0 \Rightarrow t = 16$$
得 $\boldsymbol{s} = \{16, 19, 28\}$，故所求直线方程为 $\frac{x+1}{16} = \frac{y}{19} = \frac{z-4}{28}$.

> **小结**：两直线相交的条件需注意：
> ① 交点的坐标可用直线的参数式方程表示；
> ② 两相交直线可确定一张平面，该平面的法向量就是两直线的方向向量的叉积.

例 8 求直线 $L:\begin{cases} x+y-z-1=0 \\ x-y+z+1=0 \end{cases}$ 在平面 $\Pi: x+y+z=0$ 上的投影直线方程.

解 过直线 L 的平面束方程为 $x+y-z-1+\lambda(x-y+z+1) = 0$，即
$$(\lambda+1)x + (1-\lambda)y - (1-\lambda)z - 1 + \lambda = 0$$
其中 λ 为待定常数，该平面与平面 $\Pi: x+y+z=0$ 垂直的充要条件是这两平面的法向量互相垂直，即其点积等于 0，即

$$\lambda+1+1-\lambda+\lambda-1=0$$

解得:$\lambda=-1$,故过直线 L 且与平面 Π 垂直的平面方程为 $y-z-1=0$,则由一般式可得所求投影直线方程为

$$\begin{cases} y-z-1=0 \\ x+y+z=0 \end{cases}$$

> **小结**:过某直线的平面方程常可用过该直线的平面束方程表示.

例9 求点 $P(3,-1,-1)$ 在平面 $\Pi:x+2y+3z-30=0$ 上的投影.

解 过点 $P(3,-1,-1)$ 与平面 $\Pi:x+2y+3z-30=0$ 垂直的直线方程为

$$\frac{x-3}{1}=\frac{y+1}{2}=\frac{z+1}{3}$$

令 $\dfrac{x-3}{1}=\dfrac{y+1}{2}=\dfrac{z+1}{3}=t$,则可设所求投影点 P_0 的坐标为 $\begin{cases} x=3+t \\ y=-1+2t \\ z=-1+3t \end{cases}$.

将上式代入已知平面 Π 的方程中得:$3+t-2+4t-3+9t-30=0$,解得:$t=\dfrac{16}{7}$,将它代入投影点 P_0 的坐标中,即得投影点为 $P_0\left(\dfrac{37}{7},\dfrac{25}{7},\dfrac{41}{7}\right)$.

> **小结**:过某直线的点的坐标可用该直线的参数方程表示.

例10 求 yOz 平面上的直线 $y-z=0$ 绕 z 轴旋转一周所成的旋转曲面方程.

解 根据坐标面上的曲线绕该坐标面上的坐标轴旋转一周所成的旋转曲面方程的求法:在 yOz 平面上的直线方程 $y-z=0$ 中把 y 换成 $\pm\sqrt{x^2+y^2}$,z 不变,便得所求旋转曲面方程为 $\pm\sqrt{x^2+y^2}=z$,即

$$x^2+y^2=z^2$$

该旋转曲面为顶点在坐标原点的圆锥面.

> **小结**:求绕坐标轴旋转一周所成旋转曲面的方程时常根据坐标面上的准线绕该坐标面上的坐标轴旋转一周所成的旋转曲面的方程的求解方法来求.

例11 求由圆锥面 $z^2=x^2+y^2$ 与圆柱面 $x^2+z^2=1$ 当 $z\geqslant 0$ 时所围成的立体在 xOy 坐标面上的投影区域.

解 两曲面 $z^2=x^2+y^2$ 与 $x^2+z^2=1$ 的交线方程组为 $\begin{cases} z=\sqrt{x^2+y^2} \\ x^2+z^2=1 \end{cases}$,对该方程组消去 z 得投影柱面方程为 $2x^2+y^2=1$,所以两曲面的交线在 xOy 面上的

投影曲线为
$$\begin{cases} 2x^2 + y^2 = 1 \\ z = 0 \end{cases}$$

故该立体在 xOy 面上的投影区域为椭圆：$\begin{cases} 2x^2 + y^2 \leqslant 1 \\ z = 0 \end{cases}$.

基础练习 7

1. 设 $|\boldsymbol{a}+\boldsymbol{b}|=|\boldsymbol{a}-\boldsymbol{b}|$，$\boldsymbol{a}=(3,-5,8)$，$\boldsymbol{b}=(-1,1,x)$，则 $x=$ （　　）
   A. 4　　　　B. 3　　　　C. 2　　　　D. 1

2. 曲面 $z=x^2+y^2$ 表示 （　　）
   A. 双曲面　　　　　　　　B. 锥面
   C. 旋转抛物面　　　　　　D. 柱面

3. 曲线 $\begin{cases} x^2+2y^2=1+z \\ 2x+z=3 \end{cases}$ 在 xOy 坐标面上的投影曲线方程为_____.

4. 若直线 $\dfrac{x-1}{4}=\dfrac{y+2}{3}=\dfrac{z}{1}$ 与平面 $lx+3y-5z=0$ 平行，则 $l=$ _____.

5. 点 $(1,2,1)$ 到平面 $x+2y+2z-10=0$ 的距离 $d=$ _____.

6. 求直线 $\dfrac{x}{-1}=\dfrac{y-1}{1}=\dfrac{z-1}{2}$ 与平面 $2x+y-z-3=0$ 的交点和夹角.

7. 已知直线 $L:\dfrac{x-a}{3}=\dfrac{y}{-2}=\dfrac{z+1}{a}$ 在平面 $\varPi:3x+4y-az=3a-1$ 上，求 a 的值.

8. 求过直线 $\frac{x}{2} = \frac{y}{-1} = \frac{z-1}{2}$ 且平行于直线 $\frac{x-1}{0} = \frac{y}{1} = \frac{z}{-1}$ 的平面方程.

9. 指出下列方程所表示的曲面,若为旋转面,指出是何曲线绕何轴旋转而成的:

(1) $x^2 + \frac{y^2}{4} + z^2 = 1$.

(2) $x^2 + y^2 - 2z = 0$.

(3) $\frac{x^2}{9} - \frac{y^2}{9} - z^2 = 1$.

(4) $\frac{x^2}{4} + \frac{y^2}{9} = 1 - z$.

强化训练 7

一、填空题

1. 已知 $|\boldsymbol{a}| = 3$,$|\boldsymbol{b}| = 26$,$|\boldsymbol{a} \times \boldsymbol{b}| = 72$,则 $\boldsymbol{a} \cdot \boldsymbol{b} =$ _____.

2. 若 $|a| = 4$,$|b| = 3$,$|a+b| = \sqrt{31}$,则 $|a-b| =$ _____.

3. 设 $\boldsymbol{a} = (1,2,1)$,则与 $\boldsymbol{a}$ 同向的单位向量 $\boldsymbol{a}^0 =$ _____.

4. 设 $|a| = 4$,$|b| = 3$,且两向量的夹角为 $\frac{\pi}{6}$,则以向量 $\boldsymbol{a}+2\boldsymbol{b}$ 和 $\boldsymbol{a}-3\boldsymbol{b}$ 为边的平行四边形的面积为 _____.

5. 设 $\boldsymbol{a} = 2\boldsymbol{e}_1 + 3\boldsymbol{e}_2$,$\boldsymbol{b} = 3\boldsymbol{e}_1 - \boldsymbol{e}_2$,$|\boldsymbol{e}_1| = 2$,$|\boldsymbol{e}_2| = 1$,$\boldsymbol{e}_1$ 与 $\boldsymbol{e}_2$ 的夹角为 $\frac{\pi}{3}$,则 $\boldsymbol{a} \cdot \boldsymbol{b} =$ _____.

6. 若向量 $\boldsymbol{a} // \boldsymbol{b}$,$\boldsymbol{b} = \{3,4,1\}$ 且 $\boldsymbol{a}$ 在 x 轴上的投影为 -2,则 $\boldsymbol{a} =$ _____.

7. 若平面 $x + 2y - kz = 1$ 与平面 $y - z = 3$ 成 $\frac{\pi}{4}$ 角,则 $k =$ _____.

8. 曲线 $\begin{cases} x^2 + 4y^2 - z^2 = 16 \\ 4x^2 + y^2 + z^2 = 4 \end{cases}$ 在 xOy 坐标面上的投影曲线的方程是 _____.

9. 直线 $\dfrac{x}{0} = \dfrac{y}{1} = \dfrac{z}{1}$ 绕 z 轴旋转一周所形成的旋转曲面的方程为 _____.

10. 直线 $\begin{cases} 2x - y + 3z - 1 = 0 \\ 5x + 4y - z - 7 = 0 \end{cases}$ 的标准式方程为 _____.

二、选择题

1. 设 $\boldsymbol{a} = \boldsymbol{i} - 3\boldsymbol{j} + 2\boldsymbol{k}, \boldsymbol{b} = 2\boldsymbol{i} + \boldsymbol{j} + \boldsymbol{k}, \theta$ 表示向量 $\boldsymbol{a}$ 与 $\boldsymbol{b}$ 的夹角，则 $\cos\theta =$ ( )

   A. 1   B. $\dfrac{1}{2\sqrt{15}}$ C. $\dfrac{1}{2\sqrt{21}}$ D. $\dfrac{1}{4}$

2. 非零向量 $\boldsymbol{a}, \boldsymbol{b}$ 满足 $\boldsymbol{a} \cdot \boldsymbol{b} = 0$，则有 ( )

   A. $\boldsymbol{a} \parallel \boldsymbol{b}$ B. $\boldsymbol{a} = \lambda\boldsymbol{b}(\lambda \neq 0)$
   C. $\boldsymbol{a} \perp \boldsymbol{b}$ D. $\boldsymbol{a} + \boldsymbol{b} = \boldsymbol{0}$

3. 设 $|\boldsymbol{a}| = 2, |\boldsymbol{b}| = \sqrt{3}, |\boldsymbol{a} + \boldsymbol{b}| = 1 + \sqrt{6}$，则 $|\boldsymbol{a} \times \boldsymbol{b}| =$ ( )

   A. $\sqrt{6}$ B. $\sqrt{3}$ C. 1   D. $2\sqrt{3}$

4. 方程 $\dfrac{x^2}{a^2} + \dfrac{y^2}{b^2} = \dfrac{z}{c}$ $(a > 0, b > 0, c \neq 0)$ 所表示的曲面是 ( )

   A. 椭圆抛物面   B. 双叶双曲面
   C. 单叶双曲面   D. 椭球面

5. 方程 $16x^2 + 4y^2 - z^2 = 64$ 表示 ( )

   A. 锥面   B. 单叶双曲面
   C. 双叶双曲面   D. 椭圆抛物面

6. 过点 $(2, 0, -3)$ 且与直线 $\begin{cases} x - 2y + 4z - 7 = 0 \\ 3x + 5y - 2z = 0 \end{cases}$ 垂直的平面方程是 ( )

   A. $-16(x-2) + 14(y-0) + 11(z+3) = 0$
   B. $(x-2) - 2(y-0) + 4(z+3) = 0$
   C. $3(x-2) + 5(y-0) - 2(z+3) = 0$
   D. $-16(x-2) + 14(y-0) + 11(z-2) = 0$

7. 已知两直线 $\dfrac{x}{2} = \dfrac{y+2}{-2} = \dfrac{1-z}{-1}$ 和 $\dfrac{x-1}{4} = \dfrac{y-3}{M} = \dfrac{z-1}{-2}$ 相互垂直，则 $M =$ ( )

   A. 2   B. 5   C. -2 D. -4

8. 设有直线 $L: \begin{cases} x + 3y + 2z + 1 = 0 \\ 2x - y - 10z + 3 = 0 \end{cases}$ 和平面 $\Pi: 4x - 2y + z - 2 = 0$，则直线 L 与平面 Π 的关系为 ( )

A. 平行于 Π 但不在 Π 上　　　　B. 在 Π 上
C. 垂直于 Π　　　　　　　　　　D. 与 Π 斜交

9. 两直线 $\begin{cases} x = -1 + t \\ y = 5 - 2t \\ z = -8 + t \end{cases}$ 和 $\begin{cases} x - y = 6 \\ 2y + z = 3 \end{cases}$ 的夹角为　　　　(　　)

　A. $\dfrac{\pi}{6}$　　　B. $\dfrac{\pi}{4}$　　　C. $\dfrac{\pi}{3}$　　　D. $\dfrac{\pi}{2}$

10. 直线 $L: \begin{cases} x = 2 + t \\ y = -1 - t \\ z = 1 + 3t \end{cases}$ 和平面 $\Pi: x - 5y + 6z - 7 = 0$ 的关系是　　(　　)

　A. 直线在平面上
　B. 直线与平面平行,但直线不在平面上
　C. 直线与平面垂直
　D. 直线与平面不垂直,但相交于一点

三、计算下列各题

1. 求以 $O(0,0,0), A(1,0,3), B(0,1,3)$ 为顶点的三角形的面积 S.

2. 已知两点 $M_1(2, 2\sqrt{2})$ 和 $M_2(1,3,0)$,计算向量 $\overrightarrow{M_1 M_2}$ 的模和方向角.

3. 设 $\boldsymbol{a} = (1,1,0), \boldsymbol{b} = (1,0,1)$,向量 $\boldsymbol{v}$ 与 $\boldsymbol{a}, \boldsymbol{b}$ 共面,且 $(\boldsymbol{v})_a = (\boldsymbol{v})_b = 3$,求 $\boldsymbol{v}$.

四、求下列平面或直线方程

1. 设有点 $A(1,2,3)$ 和 $B(2,-1,4)$，求线段 AB 的垂直平分面的方程．

2. 求平行于平面 $6x+y-6z+5=0$，且与三坐标面所成四面体体积为 1 的平面的方程．

3. 求与直线 $\begin{cases} x=1 \\ y=-1+t \\ z=2+t \end{cases}$ 及 $\dfrac{x+1}{1}=\dfrac{y+2}{2}=\dfrac{z+1}{1}$ 都平行且过原点的平面的方程．

4. 求过直线 $\dfrac{x}{2}=\dfrac{y}{-1}=\dfrac{z-1}{2}$ 且平行于直线 $\dfrac{x-1}{0}=\dfrac{y}{1}=\dfrac{z}{-1}$ 的平面的方程．

5. 求过直线 $L: \begin{cases} 2x - y + z = 0 \\ x - 3y + 2z + 4 = 0 \end{cases}$ 且平行于 x 轴的平面的方程.

6. 求过点 $(0,2,4)$ 且与两平面 $x + 2z = 1$ 和 $y - 3z = 2$ 平行的直线的方程.

7. 求过点 $(2,1,3)$ 且与直线 $\dfrac{x+1}{3} = \dfrac{y-1}{2} = \dfrac{z}{-1}$ 垂直相交的直线的方程.

8. 求与直线 $\dfrac{x-1}{1} = \dfrac{y+2}{3} = \dfrac{z+5}{-2}$ 关于原点对称的直线的方程.

五、计算下列各题

1. 求点 $(3,0,1)$ 在平面 $x + 2y - z - 8 = 0$ 上的投影.

2. 求曲面 $z = \sqrt{x^2 + y^2}$ 与 $z = \sqrt{1 - x^2}$ 所围成的立体在 xOy 面上的投影区域.

同步测试 7

一、填空题

1. 设 $a+b+c=0$,且 $|a|=3$,$|b|=1$,$|c|=2$,则 $a \cdot b + b \cdot c + c \cdot a =$ _____.
2. 设向量 $a=\{3,6,8\}$,则同时垂直于 a 和 x 轴的单位向量 $e=$ _____.
3. 设向量 $a=\{2,1,-2\}$,则与 a 平行的单位向量 $e=$ _____.
4. 点 $(1,1,1)$ 在平面 $x+y+z=0$ 上的投影点为 _____.
5. 曲线 $\begin{cases} y^2+z^2-2x=0 \\ z=3 \end{cases}$ 在 xOy 坐标面上的投影曲线方程为 _____.

二、选择题

1. 设 $a=(3,5,-2)$,$b=(2,1,4)$,且已知 $\lambda a + \mu b$ 与 z 轴垂直,则必有 （　　）
   A. $\lambda = 2\mu$ B. $\lambda = -\mu$
   C. $\lambda = \mu$ D. $\lambda = 3\mu$

2. 下列说法不正确的是 （　　）
   A. 以向量 a、b 为邻边的平行四边形面积为 $|a \times b|$
   B. 以向量 a、b 为邻边的三角形面积为 $\frac{1}{2}|a \times b|$
   C. 以向量 a、b、c 为棱的平行六面体的体积为 $|(a \times b) \cdot c|$
   D. 以向量 a、b、c 为棱的四面体的体积为 $\frac{1}{3}|(a \times b) \cdot c|$

3. 直线 L：$\dfrac{x+3}{-2} = \dfrac{y+4}{-7} = \dfrac{z}{3}$ 与平面 $4x-2y-2z=3$ 的关系是 （　　）
   A. 平行   B. 直线 L 在平面上
   C. 垂直相交   D. 相交但不垂直

4. 以曲线 $\begin{cases} f(y,z)=0 \\ x=0 \end{cases}$ 为母线,绕 Oz 轴旋转的旋转曲面的方程是 （　　）
   A. $f(\pm\sqrt{y^2+z^2}, x)=0$ B. $f(\pm\sqrt{x^2+z^2}, y)=0$
   C. $f(\pm\sqrt{x^2+y^2}, z)=0$ D. $f(\sqrt{x^2+y^2}, z)=0$

5. 过 y 轴上的点 $(0,1,0)$ 且平行于 xOz 平面的平面方程是 （　　）
   A. $x=0$ B. $y=1$
   C. $z=0$ D. $x+z=1$

三、计算下列各题

1. 求以 $O(0,0,0), A(1,0,3), B(0,1,3)$ 为顶点的三角形的面积 S.

2. 求过点 $(0,2,4)$ 且与两平面 $x+2z=1$ 和 $y-3z=2$ 平行的直线的方程.

四、 已知平面 Π_1、Π_2 的方程分别为 $x+y-z=0$ 与 $x-y+z-1=0$，求一平面过 Π_1、Π_2 的交线且过点 $(2,3-4)$.

五、 求过点 $M(1,2,-1)$ 且与直线 $L: \begin{cases} x=-t+2 \\ y=3t-4 \\ z=t-1 \end{cases}$ 垂直相交的直线的方程.

六、 求直线 $L: \begin{cases} 2y+3z-5=0 \\ x-2y-z+7=0 \end{cases}$ 在平面 $\Pi: x-y+z+8=0$ 上的投影直线的方程.

七、 求通过两点 $A(1,1,1)$ 和 $B(0,1,-1)$ 且垂直于平面 $x+y+z=0$ 的平面的方程.

8 多元函数微分学及其应用

8.1 内容提要与归纳

8.1.1 多元函数微分学

1) 多元函数的定义

设 D 为平面上的一非空点集,f 为对应法则,如果对于 D 上的每一个点 $P(x,y)$ 都有唯一确定的实数 z 与之对应,则称 z 为定义在 D 上的二元函数,记作 $z=f(x,y)$(或 $z=f(P)$),其中 x,y 称为自变量,函数 z 称为因变量,D 称为该函数的定义域.

类似可定义三元及三元以上的函数,二元及二元以上的函数统称为多元函数.

2) 二元函数的极限

设函数 $z=f(x,y)$ 在点 $P_0(x_0,y_0)$ 的某一去心邻域内有定义,当点 $P(x,y)$ 以任意方式趋近于 P_0 时,函数 $f(x,y)$ 都趋于同一个确定的常数 a,则称 a 为函数 $f(x,y)$ 当 $(x,y)\to(x_0,y_0)$ 时的极限,记作 $\lim\limits_{(x,y)\to(x_0,y_0)}f(x,y)=a$ 或 $\lim\limits_{\substack{x\to x_0\\y\to y_0}}f(x,y)=a$.

3) 二元函数的连续性

(1) 若 $\lim\limits_{(x,y)\to(x_0,y_0)}f(x,y)=f(x_0,y_0)$,则称二元函数 $z=f(x,y)$ 在点 $P_0(x_0,y_0)$ 处连续.

(2) 若 $f(x,y)$ 在区域 D 内的每一点都连续,则称 $f(x,y)$ 在区域 D 内连续.

(3) 若 $f(x,y)$ 在点 $P_0(x_0,y_0)$ 处不连续,则称点 $P_0(x_0,y_0)$ 是二元函数 $z=f(x,y)$ 的不连续点或间断点.

(4) 若 $f(x,y)$ 在有界闭区域 D 上连续,则在 D 上必有最大值 M 及最小值 m.

4) 偏导数

(1) 偏导数的定义

设函数 $z=f(x,y)$ 在点 $P_0(x_0,y_0)$ 的某邻域内有定义,如果极限

$$\lim_{\Delta x\to 0}\frac{f(x_0+\Delta x,y_0)-f(x_0,y_0)}{\Delta x} \quad \text{或} \quad \lim_{x\to x_0}\frac{f(x,y_0)-f(x_0,y_0)}{x-x_0}$$

存在,则称此极限为 $z=f(x,y)$ 在点 P_0 处对 x 的偏导数,记作 $\left.\dfrac{\partial z}{\partial x}\right|_{\substack{x=x_0\\y=y_0}}$,$\left.\dfrac{\partial f}{\partial x}\right|_{\substack{x=x_0\\y=y_0}}$,

$z_x\big|_{\substack{x=x_0\\y=y_0}}$ 或 $f_x(x_0,y_0)$;称极限

$$\lim_{\Delta y\to 0}\frac{f(x_0,y_0+\Delta y)-f(x_0,y_0)}{\Delta y} \quad \text{或} \quad \lim_{y\to y_0}\frac{f(x_0,y)-f(x_0,y_0)}{y-y_0}$$

为 $f(x,y)$ 在点 P_0 处对 y 的偏导数,记作 $\frac{\partial z}{\partial y}\big|_{\substack{x=x_0\\y=y_0}}, \frac{\partial f}{\partial y}\big|_{\substack{x=x_0\\y=y_0}}, z_y\big|_{\substack{x=x_0\\y=y_0}}$ 或 $f_y(x_0,y_0)$.

(2) 高阶偏导数的定义及性质

① 高阶偏导数的定义:一阶偏导数 $f_x(x,y),f_y(x,y)$ 的偏导数称为函数 $f(x,y)$ 的二阶偏导数,记作

$$\frac{\partial^2 z}{\partial x^2}=f_{xx}(x,y)=\frac{\partial}{\partial x}\left(\frac{\partial z}{\partial x}\right), \frac{\partial^2 z}{\partial x\partial y}=f_{xy}(x,y)=\frac{\partial}{\partial y}\left(\frac{\partial z}{\partial x}\right)$$

$$\frac{\partial^2 z}{\partial y^2}=f_{yy}(x,y)=\frac{\partial}{\partial y}\left(\frac{\partial z}{\partial y}\right), \frac{\partial^2 z}{\partial y\partial x}=f_{yx}(x,y)=\frac{\partial}{\partial x}\left(\frac{\partial z}{\partial y}\right)$$

其中 $f_{xy}(x,y),f_{yx}(x,y)$ 称为 $f(x,y)$ 的二阶混合偏导数.

类似地,可定义三阶及三阶以上的偏导数,二阶及二阶以上的偏导数统称为高阶偏导数.

② 二阶混合偏导数的常用性质:若函数 $z=f(x,y)$ 的两个混合偏导数在点 (x,y) 处连续,则在点 (x,y) 处有 $\frac{\partial^2 z}{\partial x\partial y}=\frac{\partial^2 z}{\partial y\partial x}$.

5) 全微分定义及公式

(1) 全微分定义

如果函数 $z=f(x,y)$ 在点 $P_0(x_0,y_0)$ 处的全增量 $\Delta z=f(x_0+\Delta x,y_0+\Delta y)-f(x_0,y_0)$ 可表示为

$$\Delta z=A\Delta x+B\Delta y+o(\rho)$$

其中 A,B 不依赖于 $\Delta x,\Delta y,\rho=\sqrt{(\Delta x)^2+(\Delta y)^2}$,则称 $z=f(x,y)$ 在点 $P_0(x_0,y_0)$ 处可微.其中的线性部分 $A\Delta x+B\Delta y$ 称为函数 $f(x,y)$ 在点 $P_0(x_0,y_0)$ 处的全微分,记作 $\mathrm{d}z\big|_{\substack{x=x_0\\y=y_0}}$,即

$$\mathrm{d}z\big|_{\substack{x=x_0\\y=y_0}}=A\Delta x+B\Delta y \quad \text{或} \quad \mathrm{d}z\big|_{\substack{x=x_0\\y=y_0}}=A\mathrm{d}x+B\mathrm{d}y$$

(2) 二元函数的一阶连续偏导性、可微性、连续性、可偏导性之间的关系

① $z=f(x,y)$ 在点 (x,y) 处的可偏导性与连续性之间无必然联系.

② 若 $z=f(x,y)$ 在点 (x,y) 处可微,则函数在该点处必连续且可偏导,且有微分公式:

$$\mathrm{d}z=\frac{\partial z}{\partial x}\mathrm{d}x+\frac{\partial z}{\partial y}\mathrm{d}y$$

③ 若 $z=f(x,y)$ 在点 (x,y) 处有一阶连续偏导数,则函数在该点必可微.

(3) 全微分形式的不变性

若函数 $z=f(x,y)$ 在点 (x,y) 处有一阶连续偏导数,而函数 $x=\varphi(u,v)$, $y=\psi(u,v)$ 在相应的点 (u,v) 处可微,则 $z=f[\varphi(u,v),\psi(u,v)]$ 在点 (u,v) 处可微,且有相同的微分形式:

$$dz = \frac{\partial z}{\partial x}dx + \frac{\partial z}{\partial y}dy = \frac{\partial z}{\partial u}du + \frac{\partial z}{\partial v}dv$$

即不论 u,v 是自变量还是中间变量,全微分的形式都为同一形式,这一性质就是全微分形式的不变性.

6) 多元复合函数求导法:链式法则

(1) 多元与一元复合函数求导法则

设函数 $z=f(u,v)$ 在点 (u,v) 处具有连续的偏导数,函数 $u=u(x),v=v(x)$ 在相应的点 x 处可导,则复合函数 $z=f[u(x),v(x)]$ 在 x 处可导,且

$$\frac{dz}{dx} = \frac{\partial f}{\partial u}\cdot\frac{du}{dx} + \frac{\partial f}{\partial v}\cdot\frac{dv}{dx}$$

(2) 多元与多元复合函数求导法则

设函数 $z=f(u,v)$ 在点 (u,v) 处具有连续的偏导数,函数 $u=\varphi(x,y),v=\psi(x,y)$ 在相应的点 (x,y) 处可偏导,则复合函数 $z=f[\varphi(x,y),\psi(x,y)]$ 在点 (x,y) 处可偏导,且

$$\frac{\partial z}{\partial x} = \frac{\partial f}{\partial u}\cdot\frac{\partial u}{\partial x} + \frac{\partial f}{\partial v}\cdot\frac{\partial v}{\partial x}$$

$$\frac{\partial z}{\partial y} = \frac{\partial f}{\partial u}\cdot\frac{\partial u}{\partial y} + \frac{\partial f}{\partial v}\cdot\frac{\partial v}{\partial y}$$

7) 隐函数求导法:对方程(组)两边求自变量的(偏)导数

(1) 一个方程的情形

一个方程在满足一定的条件下可确定一个单值且有一阶连续偏导的隐函数.求隐函数的导数或偏导数的方法是:对方程两边求关于自变量的导数或偏导数,就可得到一个包含隐函数的导数或偏导数的代数方程,然后解出所求的隐函数的导数或偏导数.

① 设二元函数 $F(x,y)$ 有连续的偏导数,且 $F_y(x,y)\neq 0$,则方程 $F(x,y)=0$ 唯一确定一个单值、有连续偏导数的隐函数 $y=y(x)$,且 $\dfrac{dy}{dx}=-\dfrac{F_x(x,y)}{F_y(x,y)}$.

② 设三元函数 $F(x,y,z)$ 有连续的偏导数,且 $F_z(x,y,z)\neq 0$,则方程 $F(x,y,z)=0$ 唯一确定一个单值、有连续偏导数的隐函数 $z=z(x,y)$,且

$$\frac{\partial z}{\partial x} = -\frac{F_x(x,y,z)}{F_z(x,y,z)}, \quad \frac{\partial z}{\partial y} = -\frac{F_y(x,y,z)}{F_z(x,y,z)}$$

(2) 方程组的情形

对由两个方程组成的方程组,在满足一定的条件下可确定两个单值且有一阶连续偏导的隐函数. 求隐函数的导数或偏导数的方法是:对方程组的每个方程的两边求关于自变量的导数或偏导数,就可得到一个包含隐函数的导数或偏导数的代数方程组,然后解出所求的隐函数的导数或偏导数.

例如:若方程组 $\begin{cases} F(x,y,z) = 0 \\ G(x,y,z) = 0 \end{cases}$ 确定了隐函数 $z = z(x), y = y(x)$,则对方程组两边分别对 x 求导,就可得到关于 $\frac{dy}{dx}, \frac{dz}{dx}$ 的方程组,解出 $\frac{dy}{dx}, \frac{dz}{dx}$ 即可.

8.1.2 多元函数微分学的应用

1) 方向导数与梯度

(1) 方向导数

① 方向导数定义如下:

Ⅰ. 设函数 $z = f(x,y)$ 在点 $P(x,y)$ 的某一邻域内有定义,自点 P 引射线 l,$P_1(x+\Delta x, y+\Delta y)$ 为射线 l 上的一点,$\Delta \rho = \sqrt{(\Delta x)^2 + (\Delta y)^2}$,若极限

$$\lim_{\Delta \rho \to 0} \frac{f(x+\Delta x, y+\Delta y) - f(x,y)}{\Delta \rho}$$

存在,则称这个极限为函数 $z = f(x,y)$ 在点 $P(x,y)$ 沿射线 l 方向的方向导数,记作 $\frac{\partial f}{\partial l}$,即

$$\frac{\partial f}{\partial l} = \lim_{\Delta \rho \to 0} \frac{f(x+\Delta x, y+\Delta y) - f(x,y)}{\Delta \rho}$$

Ⅱ. 类似地可以定义三元函数 $u = f(x,y,z)$ 的方向导数为

$$\frac{\partial u}{\partial l} = \lim_{\Delta \rho \to 0} \frac{f(x+\Delta x, y+\Delta y, z+\Delta z) - f(x,y,z)}{\Delta \rho}$$

其中 $P_1(x+\Delta x, y+\Delta y, z+\Delta z)$ 是沿射线 l 上的一点,$\Delta \rho = \sqrt{(\Delta x)^2 + (\Delta y)^2 + (\Delta z)^2}$.

② 方向导数的计算公式如下:

Ⅰ. 若 $z = f(x,y)$ 在点 $P(x,y)$ 处可微,设 φ 为 x 轴正向到射线 l 的转角,α 为射线 l 与 x 轴正向的夹角,β 为射线 l 与 y 轴正向的夹角,则

$$\frac{\partial f}{\partial l} = \frac{\partial f}{\partial x}\cos\varphi + \frac{\partial f}{\partial y}\sin\varphi \quad \text{或} \quad \frac{\partial f}{\partial l} = \frac{\partial f}{\partial x}\cos\alpha + \frac{\partial f}{\partial y}\cos\beta$$

Ⅱ. 若 $u = f(x,y,z)$ 在点 $P(x,y,z)$ 处可微,α, β, γ 为射线 l 的方向角,则

$$\frac{\partial u}{\partial l} = \frac{\partial u}{\partial x}\cos\alpha + \frac{\partial u}{\partial y}\cos\beta + \frac{\partial u}{\partial z}\cos\gamma$$

(2) 梯度(gradient)

① 梯度的定义:设函数 $z = f(x,y)$ 在点 $P(x,y)$ 的某邻域内可偏导,则向量 $\frac{\partial f}{\partial x}\boldsymbol{i} + \frac{\partial f}{\partial y}\boldsymbol{j}$ 称为 $z = f(x,y)$ 在点 $P(x,y)$ 处的梯度,记作 $\mathrm{grad}f(x,y)$,即

$$\mathrm{grad}f(x,y) = \frac{\partial f}{\partial x}\boldsymbol{i} + \frac{\partial f}{\partial y}\boldsymbol{j}$$

推广:设函数 $u = f(x,y,z)$ 可偏导,则

$$\mathrm{grad}f(x,y,z) = \frac{\partial f}{\partial x}\boldsymbol{i} + \frac{\partial f}{\partial y}\boldsymbol{j} + \frac{\partial f}{\partial z}\boldsymbol{k}$$

其模为 $|\mathrm{grad}u| = \sqrt{f_x^2 + f_y^2 + f_z^2}$

② 梯度与方向导数的关系如下:

$$\frac{\partial u}{\partial l} = (f_x, f_y, f_z) \cdot (\cos\alpha, \cos\beta, \cos\gamma) = \mathrm{grad}u \cdot \boldsymbol{l}^0 = |\mathrm{grad}u|\cos\theta$$

其中 $\boldsymbol{l}^0 = (\cos\alpha, \cos\beta, \cos\gamma)$ 为与射线 l 同向的单位向量,θ 为梯度与向量 $\boldsymbol{l}$ 之间的夹角.

当 $\theta = 0$ 即 $\boldsymbol{l}$ 与 $\mathrm{grad}u$ 的方向一致时,$\frac{\partial u}{\partial l} = |\mathrm{grad}u|$ 为函数 f 在点 P 处方向导数的最大值.

当 $\theta = \pi$ 即 $\boldsymbol{l}$ 与 $\mathrm{grad}u$ 的方向相反时,$\frac{\partial u}{\partial l} = -|\mathrm{grad}u|$ 为函数 f 在点 P 处方向导数的最小值.

2) 多元函数微分学的几何应用

(1) 空间曲线的切线与法平面

① 设空间曲线的参数方程为 $\Gamma: x = \varphi(t), y = \psi(t), z = \omega(t)$,其切向量为 $\boldsymbol{s} = (x'(t), y'(t), z'(t))$,则曲线上的点 (x_0, y_0, z_0) 处的切线方程为

$$\frac{x - x_0}{\varphi'(t_0)} = \frac{y - y_0}{\psi'(t_0)} = \frac{z - z_0}{\omega'(t_0)}$$

法平面方程为

$$\varphi'(t_0)(x - x_0) + \psi'(t_0)(y - y_0) + \omega'(t_0)(z - z_0) = 0$$

② 设空间曲线的一般式方程为 $\Gamma: \begin{cases} F(x,y,z) = 0 \\ G(x,y,z) = 0 \end{cases}$,则该曲线的参数方程为由该方程组确定的隐函数构成,$\Gamma: x = x, y = y(x), z = z(x)$,其切向量为 $\boldsymbol{s} = (1, y'(x), z'(x))$,其中 $y'(x), z'(x)$ 由方程组 $\begin{cases} F_x + F_y\dfrac{\mathrm{d}y}{\mathrm{d}x} + F_z\dfrac{\mathrm{d}z}{\mathrm{d}x} = 0 \\ G_x + G_y\dfrac{\mathrm{d}y}{\mathrm{d}x} + G_z\dfrac{\mathrm{d}z}{\mathrm{d}x} = 0 \end{cases}$ 确定.

(2) 曲面的切平面与法线

① 过曲面 $F(x,y,z)=0$ 上的点 (x_0,y_0,z_0) 处的切平面方程为
$$F_x(x_0,y_0,z_0)(x-x_0)+F_y(x_0,y_0,z_0)(y-y_0)+F_z(x_0,y_0,z_0)(z-z_0)=0$$
法线方程为
$$\frac{x-x_0}{F_x(x_0,y_0,z_0)}=\frac{y-y_0}{F_y(x_0,y_0,z_0)}=\frac{z-z_0}{F_z(x_0,y_0,z_0)}$$

② 设曲面方程为 $z=f(x,y)$,则切点 (x_0,y_0,z_0) 处的切平面方程为
$$z-f(x_0,y_0)=f_x(x_0,y_0)(x-x_0)+f_y(x_0,y_0,)(y-y_0)$$
法线方程为
$$\frac{x-x_0}{f_x(x_0,y_0)}=\frac{y-y_0}{f_y(x_0,y_0)}=\frac{z-z_0}{-1}$$

3) 多元函数的极值及其求法

(1) 极值点的必要条件

设函数 $z=f(x,y)$ 在点 (x_0,y_0) 处具有偏导数,且在点 (x_0,y_0) 处有极值,则它在该点的偏导数必为零,即 $f_x(x_0,y_0)=0, f_y(x_0,y_0)=0$.

称同时满足 $f_x(x,y)=0, f_y(x,y)=0$ 的点 (x_0,y_0) 为 $z=f(x,y)$ 的驻点.

(2) 无条件极值的判别法(极值点的充分条件)

设函数 $z=f(x,y)$ 在点 (x_0,y_0) 的某邻域内具有二阶连续偏导数,又 $f_x(x_0,y_0)=0, f_y(x_0,y_0)=0$,令 $f_{xx}(x_0,y_0)=A, f_{xy}(x_0,y_0)=B, f_{yy}(x_0,y_0)=C$,则在 (x_0,y_0) 处:

① 当 $AC-B^2>0$ 时 $f(x,y)$ 具有极值,且当 $A<0$ 时有极大值,当 $A>0$ 时有极小值.

② 当 $AC-B^2<0$ 时 $f(x,y)$ 没有极值.

③ 当 $AC-B^2=0$ 时 $f(x,y)$ 可能有极值,也可能没有极值,还需另作讨论.

(3) 条件极值的求法(拉格朗日乘数法)

带有约束条件的极值问题称为条件极值. 求条件极值常用的方法之一是化为无条件极值;方法之二是运用拉格朗日乘数法.

例如:求函数 $z=f(x,y)$ 在条件 $\varphi(x,y)=0$ 下的极值.

运用拉格朗日乘数法的解题步骤如下:

① 先构造辅助函数:$F(x,y)=f(x,y)+\lambda\varphi(x,y)$,其中 λ 称为拉格朗日乘数.

② 对辅助函数分别求 x,y,λ 的偏导数,得方程组
$$\begin{cases} f_x(x,y)+\lambda\varphi_x(x,y)=0 \\ f_y(x,y)+\lambda\varphi_y(x,y)=0 \\ \varphi(x,y)=0 \end{cases}$$

解得 x,y,λ,求得的驻点 (x,y) 就可能是极值点或最值点.

③ 若该问题的极值或最值确实存在,而所求驻点是唯一的,则求得的驻点 (x,y) 就是极值点或最值点.

该方法可推广到自变量多于两个且条件多于一个的情形.

8.2 典型例题分析

例1 求极限 $\lim\limits_{\substack{x \to 0 \\ y \to 0}} \dfrac{1-\sqrt{xy+1}}{xy}$.

解 利用一元函数求极限的方法(分子有理化)求解.

$$\lim_{\substack{x\to 0\\y\to 0}}\frac{1-\sqrt{xy+1}}{xy}=\lim_{\substack{x\to 0\\y\to 0}}\frac{1-(xy+1)}{xy(1+\sqrt{xy+1})}=\lim_{\substack{x\to 0\\y\to 0}}\frac{-1}{1+\sqrt{xy+1}}=-\frac{1}{2}$$

小结:多元函数的极限常利用一元函数求极限的方法求解.

例2 证明极限 $\lim\limits_{(x,y)\to(0,0)}\dfrac{xy}{x^2+2y^2}$ 不存在.

证明 当点 (x,y) 沿 $y=kx$ 趋于 $(0,0)$ 时,有

$$\lim_{\substack{x\to 0\\y=kx}}\frac{xy}{x^2+2y^2}=\lim_{x\to 0}\frac{kx^2}{x^2(1+2k^2)}=\frac{k}{1+2k^2}$$

由于不同的 k 对应的极限值不等,故所求极限不存在.

小结:当讨论二元函数的极限存在性时常选取几条特殊的不同路径,若对应极限不相等,则可判定原极限不存在.

例3 设 $f(x,y)=\begin{cases}\dfrac{xy}{x^2+y^2}, & x^2+y^2\neq 0 \\ 0, & x^2+y^2=0\end{cases}$,讨论 $f(x,y)$ 在 $(0,0)$ 处的连续性与可偏导性.

证明 $f(0,0)=0$,当 (x,y) 沿直线 $y=kx$ 趋于 $(0,0)$ 时

$$\lim_{\substack{x\to 0\\y=kx}}f(x,y)=\lim_{x\to 0}\frac{kx^2}{x^2+k^2x^2}=\frac{k}{1+k^2}$$

当 k 取不同值时,极限值不同.故 $\lim\limits_{\substack{x\to 0\\y\to 0}}f(x,y)$ 不存在.所以 $f(x,y)$ 在 $(0,0)$ 处不连续.

又由偏导数的定义

$$f_x(0,0) = \lim_{\Delta x \to 0} \frac{f(0+\Delta x, 0) - f(0,0)}{\Delta x} = \lim_{\Delta x \to 0} \frac{0-0}{\Delta x} = 0$$

$$f_y(0,0) = \lim_{\Delta y \to 0} \frac{f(0, 0+\Delta y) - f(0,0)}{\Delta y} = \lim_{\Delta y \to 0} \frac{0-0}{\Delta y} = 0$$

所以 $f(x,y)$ 在 $(0,0)$ 处可偏导.

小结：由本例可见，对于多元函数，偏导数存在未必连续.

例 4 已知 $z = x^4 + y^4 - 4x^2y^2$，求 $\dfrac{\partial z}{\partial x}, \dfrac{\partial z}{\partial y}, \dfrac{\partial^2 z}{\partial y \partial x}$.

解 $\dfrac{\partial z}{\partial x} = 4x^3 - 8xy^2, \dfrac{\partial z}{\partial y} = 4y^3 - 8x^2y, \dfrac{\partial^2 z}{\partial y \partial x} = -16xy.$

例 5 已知 $z = e^u \sin v, u = xy, v = x+y$，求 $\dfrac{\partial z}{\partial x}, \dfrac{\partial z}{\partial y}$.

解 $\dfrac{\partial z}{\partial x} = \dfrac{\partial z}{\partial u}\dfrac{\partial u}{\partial x} + \dfrac{\partial z}{\partial v}\dfrac{\partial v}{\partial x} = e^u(y\sin v + \cos v)$

$\qquad = e^{xy}[y\sin(x+y) + \cos(x+y)]$

$\dfrac{\partial z}{\partial y} = \dfrac{\partial z}{\partial u}\dfrac{\partial u}{\partial y} + \dfrac{\partial z}{\partial v}\dfrac{\partial v}{\partial y} = e^u(x\sin v + \cos v)$

$\qquad = e^{xy}[x\sin(x+y) + \cos(x+y)]$

例 6 设 $z^3 - 3xyz = a^3$，求 $\dfrac{\partial z}{\partial x}$ 和 $\dfrac{\partial z}{\partial y}$.

解 解法一：利用隐函数的求导公式求.

令 $F(x,y,z) = z^3 - 3xyz - a^3$，则 $F_x = -3yz, F_y = -3xz, F_z = 3z^2 - 3xy$，则

$$\frac{\partial z}{\partial x} = -\frac{F_x}{F_z} = -\frac{-3yz}{3z^2 - 3xy} = \frac{yz}{z^2 - xy}$$

$$\frac{\partial z}{\partial y} = -\frac{F_y}{F_z} = -\frac{-3xz}{3z^2 - 3xy} = \frac{xz}{z^2 - xy}$$

解法二：利用隐函数的求导法求.

方程两边对 x 求偏导数，得：$3z^2 \dfrac{\partial z}{\partial x} - 3xy \dfrac{\partial z}{\partial x} - 3yz = 0$.

解得：$\dfrac{\partial z}{\partial x} = \dfrac{yz}{z^2 - xy}$.

方程两边对 y 求偏导数，得：$3z^2 \dfrac{\partial z}{\partial y} - 3xy \dfrac{\partial z}{\partial y} - 3xz = 0$.

解得：$\dfrac{\partial z}{\partial y} = \dfrac{xz}{z^2 - xy}$.

小结：用公式法求隐函数的偏导数时，将 $F(x,y,z)$ 看成三个自变量 x,y,z 的函数，即 x,y,z 处于同等地位．方程两边对 x 求偏导数时，x,y 是自变量，z 是 x,y 的函数，它们的地位是不同的．

例 7 设 $z = f(xy) + y\varphi(x-y)$，其中 f,φ 具有二阶连续导数，求 $\dfrac{\partial^2 z}{\partial x \partial y}$．

解 $\dfrac{\partial z}{\partial x} = yf'(xy) + y\varphi'(x-y)$

$\dfrac{\partial^2 z}{\partial x \partial y} = \dfrac{\partial}{\partial y}\left(\dfrac{\partial z}{\partial x}\right) = f'(xy) + xyf''(xy) + \varphi'(x-y) - y\varphi''(x-y)$

例 8 设 f 具有二阶连续偏导数，$u = f(x^2 - y^2, xy)$，求 $\dfrac{\partial^2 u}{\partial x \partial y}$．

解 $\dfrac{\partial u}{\partial x} = 2xf'_1 + yf'_2$

$\dfrac{\partial^2 u}{\partial x \partial y} = \dfrac{\partial}{\partial y}(2xf'_1 + yf'_2)$

$= 2x[f''_{11} \cdot (-2y) + f''_{12} \cdot x] + f'_2 + y[f''_{21} \cdot (-2y) + f''_{22} \cdot x]$

$= f'_2 - 4xyf''_{11} + 2(x^2 - y^2)f''_{12} + xyf''_{22}$

小结：求多元函数的高阶偏导数时，注意多元复合函数及其各阶偏导数如 f, f'_1, f'_2, f''_{12} 等都是相同变量的函数；当高阶偏导数连续时，混合偏导数相等，故要并同类项．

例 9 设 z 是方程 $x + y - z = \mathrm{e}^z$ 所确定的 x 与 y 的函数，求 $\dfrac{\partial z}{\partial x}, \dfrac{\partial^2 z}{\partial x^2}$．

解 解法一：令 $F(x,y,z) = x + y - z - \mathrm{e}^z$，则
$$F_x(x,y,z) = 1, F_z(x,y,z) = -1 - \mathrm{e}^z$$

则

$$\dfrac{\partial z}{\partial x} = -\dfrac{F_x}{F_z} = \dfrac{1}{1+\mathrm{e}^z}$$

$$\dfrac{\partial^2 z}{\partial x^2} = \dfrac{-\mathrm{e}^z \cdot \dfrac{\partial z}{\partial x}}{(1+\mathrm{e}^z)^2} = \dfrac{-\mathrm{e}^z}{(1+\mathrm{e}^z)^3}$$

解法二：方程两边对自变量 x 求导，得 $1 - \dfrac{\partial z}{\partial x} = \mathrm{e}^z \dfrac{\partial z}{\partial x}$，解得

$$\dfrac{\partial z}{\partial x} = \dfrac{1}{1+\mathrm{e}^z}$$

上式再对自变量 x 求导，得

$$\frac{\partial^2 z}{\partial x^2} = \frac{-e^z \cdot \dfrac{\partial z}{\partial x}}{(1+e^z)^2} = \frac{-e^z}{(1+e^z)^3}$$

> **小结**：求由方程确定的隐函数的一阶偏导数时，可以用隐函数的求偏导公式求，也可以用隐函数求偏导的方法求．但求隐函数的高阶偏导数时，只能用隐函数求偏导的方法求．

例 10 求球面 $x^2+y^2+z^2=4$ 与柱面 $x^2+y^2=2x$ 的交线在点 $M(1,1,\sqrt{2})$ 处的切线方程与法平面方程．

解 由球面方程 $x^2+y^2+z^2=4$ 与柱面方程 $x^2+y^2=2x$ 同时确定了两个一元函数 $y=y(x)$ 和 $z=z(x)$．

同时将两方程对 x 求导，得

$$\begin{cases} 2x+2y\dfrac{dy}{dx}+2z\dfrac{dz}{dx}=0 \\ 2x+2y\dfrac{dy}{dx}=2 \end{cases}$$

将点 $x=1, y=1, z=\sqrt{2}$ 代入上面的方程组中，化为 $\begin{cases} \dfrac{dy}{dx}+\sqrt{2}\dfrac{dz}{dx}=-1 \\ \dfrac{dy}{dx}=0 \end{cases}$

解得：$\dfrac{dy}{dx}\Big|_{(1,1,\sqrt{2})}=0, \dfrac{dz}{dx}\Big|_{(1,1,\sqrt{2})}=\dfrac{-1}{\sqrt{2}}$．

则在点 $M(1,1,\sqrt{2})$ 处，切线的方向向量与法平面的法向量相等

$$\boldsymbol{s}=\boldsymbol{n}=\left(1,0,-\dfrac{1}{\sqrt{2}}\right) /\!/ (\sqrt{2},0,-1)$$

则在点 $M(1,1,\sqrt{2})$ 处切线方程为

$$\frac{x-1}{\sqrt{2}}=\frac{y-1}{0}=\frac{z-\sqrt{2}}{-1}$$

法平面方程为

$$\sqrt{2}(x-1)-(z-\sqrt{2})=0$$

即

$$\sqrt{2}x-z=0$$

例 11 求球面 $x^2+y^2+z^2=14$ 在点 $(1,2,3)$ 处的切平面及法线方程．

解 令 $F(x,y,z)=x^2+y^2+z^2-14$，则切平面的法向量与法线的方向向量相等，有

$$\boldsymbol{n} = \boldsymbol{s} = \{F_x, F_y, F_z\} = \{2x, 2y, 2z\}$$

点 $(1,2,3)$ 处

$$\boldsymbol{n} = \boldsymbol{s} = 2\{1,2,3\} \mathbin{/\mkern-6mu/} \{1,2,3\}$$

故点 $(1,2,3)$ 处的切平面为 $(x-1)+2(y-2)+3(z-3)=0$,即

$$x+2y+3z-14=0$$

法线方程为

$$\frac{x-1}{1} = \frac{y-2}{2} = \frac{z-3}{3}$$

例 12 求函数 $u = \ln(x+\sqrt{y^2+z^2})$ 在点 $A(1,0,1)$ 从点 A 指向点 $B(3,-2,2)$ 的方向的方向导数.

解 $\left.\dfrac{\partial u}{\partial x}\right|_A = \left.\dfrac{1}{x+\sqrt{y^2+z^2}}\right|_{(1,0,1)} = \dfrac{1}{2}$

$\left.\dfrac{\partial u}{\partial y}\right|_A = \left.\dfrac{1}{x+\sqrt{y^2+z^2}} \cdot \dfrac{y}{\sqrt{y^2+z^2}}\right|_{(1,0,1)} = 0$

$\left.\dfrac{\partial u}{\partial z}\right|_A = \left.\dfrac{1}{x+\sqrt{y^2+z^2}} \cdot \dfrac{z}{\sqrt{y^2+z^2}}\right|_{(1,0,1)} = \dfrac{1}{2}$

而 $\boldsymbol{l} = \overrightarrow{AB} = (2,-2,1)$,所以 $|\boldsymbol{l}| = \sqrt{4+4+1} = \sqrt{9} = 3$,故其方向余弦为

$$\cos\alpha = \dfrac{2}{3}, \quad \cos\beta = -\dfrac{2}{3}, \quad \cos\gamma = \dfrac{1}{3}$$

故在 A 点处沿 $\boldsymbol{l} = \overrightarrow{AB}$ 的方向导数为

$$\left.\dfrac{\partial u}{\partial l}\right|_A = \left.\dfrac{\partial u}{\partial x}\right|_A \cdot \cos\alpha + \left.\dfrac{\partial u}{\partial y}\right|_A \cdot \cos\beta + \left.\dfrac{\partial u}{\partial z}\right|_A \cdot \cos\gamma = \dfrac{1}{3} + 0 + \dfrac{1}{6} = \dfrac{1}{2}$$

例 13 问函数 $u = x^2 yz$ 在点 $P(1,1,1)$ 处沿什么方向的方向导数最大?求此方向导数的最大值.

解 $\mathrm{grad}\, u = \left(\dfrac{\partial u}{\partial x}, \dfrac{\partial u}{\partial y}, \dfrac{\partial u}{\partial z}\right) = (2xyz, x^2 z, x^2 y)$,则 $\mathrm{grad}\, u \big|_{(1,1,1)} = (2,1,1)$.

由方向导数与梯度的关系可知,沿梯度 $\mathrm{grad}\, u = (2,1,1)$ 的方向时其方向导数达到最大值.

且此方向导数的最大值等于该点处梯度的模,即 $|\mathrm{grad}\, u|\big|_{(1,1,1)} = \sqrt{6}$.

例 14 求函数 $f(x,y) = \mathrm{e}^{x-y}(x^2-2y^2)$ 的极值.

解 由 $\begin{cases} f_x(x,y) = \mathrm{e}^{x-y}(x^2-2y^2)+2x\mathrm{e}^{x-y} = 0 \\ f_y(x,y) = -\mathrm{e}^{x-y}(x^2-2y^2)-4y\mathrm{e}^{x-y} = 0 \end{cases}$,得两个驻点 $(0,0), (-4,-2)$.

$A = f_{xx}(x,y) = \mathrm{e}^{x-y}(x^2-2y^2+4x+2)$

$B = f_{xy}(x,y) = \mathrm{e}^{x-y}(2y^2-x^2-2x-4y)$

$$C = f_{yy}(x, y) = e^{x-y}(x^2 - 2y^2 + 8y - 4)$$

在点$(0, 0)$处,有$A = 2, B = 0, C = -4, AC - B^2 = -8 < 0$,由极值的充分条件知$(0, 0)$不是极值点,$f(0, 0) = 0$不是函数的极值;

在点$(-4, -2)$处,有$A = -6e^{-2}, B = 8e^{-2}, C = -12e^{-2}, AC - B^2 = 8e^{-4} > 0$,而$A < 0$,由极值的充分条件知$(-4, -2)$为极大值点,极大值为$f(-4, -2) = 8e^{-2}$.

小结:同一元函数类似,多元函数极值问题的求法为:先求出可能的极值点,再由充分条件判别可能的极值点是否为极值点.

例15 求函数$f(x, y, z) = xyz$在条件方程$x^2 + 2y^2 + 3z^2 = 6$下的最大值和最小值.

解 令$L = xyz + \lambda(x^2 + 2y^2 + 3z^2 - 6)$,由
$$\begin{cases} L_x = yz + 2\lambda x = 0 \\ L_y = xz + 4\lambda y = 0 \\ L_z = xy + 6\lambda z = 0 \\ L_\lambda = x^2 + 2y^2 + 3z^2 - 6 = 0 \end{cases},$$

将其中的L_x, L_y, L_z分别乘以x, y, z再消去xyz,又$\lambda \neq 0$,并将它们代入条件方程可解得:$x^2 = 2y^2 = 3z^2 = 2$,即

$$x = \pm\sqrt{2}, \quad y = \pm 1, z = \pm\sqrt{\frac{2}{3}}$$

则可求得

$$f\left(\sqrt{2}, 1, \sqrt{\frac{2}{3}}\right) = f\left(-\sqrt{2}, -1, \sqrt{\frac{2}{3}}\right) = f\left(\sqrt{2}, -1, -\sqrt{\frac{2}{3}}\right)$$
$$= f\left(-\sqrt{2}, 1, -\sqrt{\frac{2}{3}}\right) = \frac{2}{\sqrt{3}}$$

$$f\left(-\sqrt{2}, -1, -\sqrt{\frac{2}{3}}\right) = f\left(\sqrt{2}, 1, -\sqrt{\frac{2}{3}}\right) = f\left(-\sqrt{2}, 1, \sqrt{\frac{2}{3}}\right)$$
$$= f\left(\sqrt{2}, -1, \sqrt{\frac{2}{3}}\right) = -\frac{2}{\sqrt{3}}$$

由于函数的最大值、最小值必定存在,而驻点对应的值有且仅有两个,故最大值为

$$f\left(\sqrt{2}, 1, \sqrt{\frac{2}{3}}\right) = f\left(-\sqrt{2}, -1, \sqrt{\frac{2}{3}}\right) = f\left(\sqrt{2}, -1, -\sqrt{\frac{2}{3}}\right)$$
$$= f\left(-\sqrt{2}, 1, -\sqrt{\frac{2}{3}}\right) = \frac{2}{\sqrt{3}}$$

最小值为

$$f\left(-\sqrt{2},-1,-\sqrt{\frac{2}{3}}\right)=f\left(\sqrt{2},1,-\sqrt{\frac{2}{3}}\right)=f\left(-\sqrt{2},1,\sqrt{\frac{2}{3}}\right)$$
$$=f\left(\sqrt{2},-1,\sqrt{\frac{2}{3}}\right)=-\frac{2}{\sqrt{3}}$$

> **小结**：求多元函数的条件极值与最值常利用拉格朗日乘数法，同时要结合实际问题的极值和最值的存在性与所求驻点的个数或对应值之间的对应性进行判断.

基础练习 8

1. $\lim\limits_{\substack{x\to 2\\y\to 0}}\dfrac{\sin(xy)}{y}=$ _____.

2. 设 $u=e^{x+2y+3z}$，则 $du\big|_{(0,0,0)}=$ _____.

3. 设 $f(x,y,z)=x^2+2y^2+3z^2+xy-4x+2y-4z$，求 $\operatorname{grad} f(0,0,0)$
   = _____.

4. 函数 $f(x,y)=xy+\sin(x+2y)$ 在点 $(0,0)$ 处沿 $l=(1,2)$ 的方向导数
   $\dfrac{\partial f}{\partial l}\bigg|_{(0,0)}=$ _____.

5. 曲面 $z=x^2+y^2-1$ 在点 $(2,1,4)$ 处的切平面方程为 _____.

6. 求极限 $\lim\limits_{\substack{x\to 2\\y\to+\infty}}\left(1+\dfrac{x}{y}\right)^y$.

7. 设 $f(x,y)=\begin{cases}\dfrac{xy}{x^2+3y^2}, & x^2+y^2\neq 0\\ 0, & x^2+y^2=0\end{cases}$，讨论 $f(x,y)$ 在点 $(0,0)$ 处的连续性与可导性.

8. 计算下列各题：

(1) 设 $z = \arcsin(x-y), x = 3t, y = 4t^3$，求 $\dfrac{dz}{dt}$.

(2) 设 $f\left(\dfrac{x}{y}, xy\right) = x^2 \ (x>0, y>0)$，求 $f_y(x,y)$.

9. 求曲线 $\begin{cases} x^2 + y^2 + z^2 = 3 \\ x + y + z = 1 \end{cases}$ 在点 $(1,1,-1)$ 处的切线方程.

10. 求曲面 $x^2 + 4y - z^2 + 5 = 0$ 垂直于直线 $\dfrac{x-1}{2} = \dfrac{y-1}{2} = z$ 的切平面方程.

11. 求二元函数 $z = x^3 - y^3 + 3x^2 + 3y^2 - 9x$ 的极值点.

12. 求内接于椭球 $\dfrac{x^2}{a^2} + \dfrac{y^2}{b^2} + \dfrac{z^2}{c^2} = 1$ 的体积最大的长方体的体积,其中长方体的各个面平行于坐标面.

强化训练 8

一、填空题

1. 二重极限 $\lim\limits_{\substack{x \to 0 \\ y \to 2}} \dfrac{\sin x}{\sqrt{xy+1}-1} =$ _____.

2. $f(x,y) = \dfrac{\arcsin(3-x^2-y^2)}{\sqrt{x-y^2}}$ 的定义域为 _____.

3. 若 $\dfrac{\partial f}{\partial x}(a,a) = \sqrt{a} \neq 0$,则 $\lim\limits_{x \to a} \dfrac{f(x,a)-f(a,a)}{\sqrt{x}-\sqrt{a}} =$ _____.

4. 设 $z = xy + xF\left(\dfrac{y}{x}\right)$,其中 $F(u)$ 可导,则 $x\dfrac{\partial z}{\partial x} + y\dfrac{\partial z}{\partial y} =$ _____.

5. 设 $z = \arctan\dfrac{x}{1+y^2}$,则全微分 $\mathrm{d}z\,|_{(1,1)} =$ _____.

6. 设 $u = \mathrm{e}^{-x}\sin\dfrac{x}{y}$,则 $\dfrac{\partial^2 u}{\partial x \partial y}$ 在点 $\left(2, \dfrac{1}{\pi}\right)$ 处的值为 _____.

7. 曲面 $z = x^2 + y^2 - 1$ 在点 $(2,1,4)$ 处的切平面方程为 _____.

8. 设函数 $f(x,y) = 2x^2 + ax + xy^2 + 2y$ 在点 $(1,-1)$ 取得极值,则常数 $a =$ _____.

9. 函数 $u = \ln(x^2+y^2+z^2)$ 在点 $M(1,2,-2)$ 的梯度 $\mathrm{grad}\,u =$ _____.

10. 设函数 $z = x^y$ 在点 $(1,1)$ 处沿某方向 l 取得最大增长率,则方向 $l =$ _____.

二、选择题

1. $\lim\limits_{\substack{x \to 0 \\ y \to 0}} (x^2+y^2)\sin\dfrac{1}{x^2+y^2} =$ (   )

 A. 0   B. 1   C. -1 D. ∞

2. 设函数 $f(x,y)=\begin{cases}\dfrac{xy}{\sqrt{x^2+y^2}}, & (x,y)\neq(0,0)\\ 0, & (x,y)=(0,0)\end{cases}$,则 $f(x,y)$ 在点 $(0,0)$ 处
( )
   A. 偏导数不存在
   B. 偏导数存在但不可微
   C. 可微但偏导数不连续
   D. 偏导数连续

3. 已知 $f(x,y)=\begin{cases}\dfrac{1}{xy}\sin x^2 y, & xy\neq 0\\ 0, & xy=0\end{cases}$,则 $f'_x(0,1)=$ ( )
   A. 0　　　　 B. 1　　　　 C. 2　　　　 D. 不存在

4. 设函数 f 具有二阶连续偏导数,$z=f\left(\dfrac{y}{x}\right)$,则 $\dfrac{\partial^2 f}{\partial x\partial y}=$ ( )
   A. $\dfrac{y}{x^2}f''$
   B. $-\dfrac{1}{x^2}f'$
   C. $-\dfrac{1}{x^2}\left(\dfrac{y}{x}f''+f'\right)$
   D. $-\dfrac{y}{x}f''+f'$

5. 函数 $f(x,y)=x^2+y^2+x^2y^2$ 在点 $(-1,-1)$ 处的全微分 $df(-1,-1)$ 为
( )
   A. $2dx-dy$
   B. $dx+dy$
   C. $-(4dx+4dy)$
   D. 0

6. 当 $u>0$ 时 $f(u)$ 有一阶连续导数,且 $f(1)=0$,又二元函数 $z=f(e^x-e^y)$ 满足 $\dfrac{\partial z}{\partial x}+\dfrac{\partial z}{\partial y}=1$,则 $f(u)=$ ( )
   A. $\ln u$　　 B. $-\ln u$　　 C. $\ln u+1$　　 D. $1-\ln u$

7. 函数 $u=\ln(xy-z)+2yz^2$ 在点 $(1,3,1)$ 沿方向 $\boldsymbol{l}=(1,1,-1)$ 的方向导数等于
( )
   A. $\dfrac{15}{2}$　　 B. $\dfrac{15}{\sqrt{2}}$　　 C. $\dfrac{5}{2}\sqrt{3}$　　 D. $\dfrac{5\sqrt{3}}{6}$

8. 若 $z=f(x,y)$ 在点 (x_0,y_0) 处沿 x 轴反方向的方向导数为 A,则 $f_x(x_0,y_0)$
( )
   A. 为 A
   B. 为 $-A$
   C. 不一定存在
   D. 一定不存在

9. 椭球面 $3x^2+y^2+z^2=16$ 上点 $(-1,-2,3)$ 处的切平面与平面 $z=1$ 的夹角为
( )
   A. $\dfrac{\pi}{4}$
   B. $\arccos\dfrac{7}{\sqrt{22}}$

C. $\arccos\dfrac{7}{16}$ D. $\arccos\dfrac{3}{\sqrt{22}}$

10. 对于二元函数 $f(x,y)$，若 $f_x(x_0,y_0)=0, f_y(x_0,y_0)=0$，则在点 $M(x_0,y_0)$ 处 $f(x,y)$　　　　　　　　　　　　　　　　(　　)

   A. 必连续   B. 全微分 $df(x_0,y_0)=0$
   C. 必取极值   D. 可能取得极值

三、计算下列函数的一阶偏导数 $\dfrac{\partial z}{\partial x}, \dfrac{\partial z}{\partial y}$

1. $z=x^2\sin 4y$.

2. $z=\sqrt{\ln(xy)}$.

3. $z=f(x^2-y^2, e^{xy})$，其中函数 f 具有一阶偏导数.

四、设 $z=e^{xy}\sin(x+y)+e^2$，求 dz.

五、设 $f(x-y, \ln x)=\left(1-\dfrac{y}{x}\right)\dfrac{e^{x-y}}{x\ln x}$，写出 $f(x,y)$ 的表达式，并求 $\dfrac{\partial f}{\partial x}$ 与 $\dfrac{\partial f}{\partial y}$.

六、计算下列函数的二阶偏导数

1. 求函数 $z = e^{x+2y}$ 的二阶偏导数.

2. 设 $z = f\left(x + \dfrac{y^2}{x}\right)$,其中函数 f 二阶连续可微,求 $\dfrac{\partial^2 f}{\partial x \partial y}$.

3. 设 $z = f(xy, x+y)$,求 $\dfrac{\partial z}{\partial y}$,$\dfrac{\partial^2 z}{\partial y^2}$.

4. 设 $z = x^3 f\left(xy, \dfrac{y}{x}\right)$,其中 f 具有连续二阶偏导数,求 $\dfrac{\partial^2 z}{\partial x \partial y}$.

5. 设 $z = \ln \sqrt{x^2 + y^2}$,计算 $\dfrac{\partial^2 z}{\partial x^2} + \dfrac{\partial^2 z}{\partial y^2}$.

七、求下列方程或方程组确定的隐函数的导数或偏导数

1. 求由方程组 $\begin{cases} z = x^2 + y^2 \\ x^2 + 2y^2 + 3z^2 = 20 \end{cases}$ 所确定的函数的导数 $\dfrac{dy}{dx}, \dfrac{dz}{dx}$.

2. 设 $u = u(x,y), v = v(x,y)$ 由方程组 $\begin{cases} x^2 + y^2 - uv = 0 \\ xy - u^2 + v^2 = 0 \end{cases}$ 确定,求 $\dfrac{\partial u}{\partial x}, \dfrac{\partial v}{\partial x}$.

八、求下列函数的方向导数或梯度

1. 求 $f(x,y,z) = xy + yz + zx$ 在点 $(1,1,2)$ 处沿方向 l 的方向导数,其中 l 的方向角分别为 $60°, 45°, 60°$.

2. 设 $f(x,y,z) = x^2 + y^3 + e^z$,求 $\mathrm{grad} f(1, -1, 2)$.

九、计算下列函数的极值

1. 求函数 $z = x^4 + y^4 - x^2 - 2xy - y^2$ 的极值.

2. 求由方程 $x^2+y^2+z^2-2x+2y-4z-10=0$ 确定的函数 $z=f(x,y)$ 的极值.

十、求内接于半径为 a 的球且具有最大体积的长方体.

十一、椭球面 $x^2+y^2+4z^2=9$ 被平面 $x+2y+5z=0$ 截得椭圆,求它的长半轴与短半轴之长.

十二、求函数 $z=x^2+y^2$ 满足条件 $(x-\sqrt{2})^2+(y-\sqrt{2})^2=9$ 的最大值与最小值.

同步测试 8

一、填空题

1. 设函数 f 具有二阶连续偏导数,$z=f\left(\dfrac{y}{x}\right)$,则 $\dfrac{\partial^2 f}{\partial x \partial y}=$ _____ .

2. 设 $f(r)$ 具有二阶连续导函数,而 $r=\sqrt{x^2+y^2}$,$u=f(r)$,则 $\dfrac{\partial^2 u}{\partial x^2}+\dfrac{\partial^2 u}{\partial y^2}=$ _____ .

3. 设 $z=z(x,y)$ 由方程 $y+z=xf(y^2-z^2)$ 确定，f 可微，则 $x\dfrac{\partial z}{\partial x}+z\dfrac{\partial z}{\partial y}=$ _____.

4. 函数 $f(x,y,z)=xe^{yz}$ 在点 $M_0(2,0,-2)$ 处沿方向 $l=\{-1,2,2\}$ 的方向导数 $\dfrac{\partial f}{\partial l}\Big|_{M_0}=$ _____.

5. 函数 $z=2x+y$ 在点 $(1,2)$ 沿各方向的方向导数的最大值为 _____.

二、选择题

1. 函数 $f(x,y)=x^2+y^2+x^2y^2$ 在点 $(1,1)$ 处的全微分 $df(1,1)=$ ( )

  A. $2dx-dy$ B. $dx+dy$ C. $4dx+4dy$ D. 0

2. 函数 $f(x,y)=\begin{cases}\dfrac{xy}{\sqrt{x^2+y^2}}, & x^2+y^2\neq 0\\ 0, & x^2+y^2=0\end{cases}$ ( )

  A. 处处连续   B. 处处有极限，但不连续

  C. 仅在 $(0,0)$ 点处连续   D. 除 $(0,0)$ 点外处处连续

3. 点 $(0,0)$ 是 $z=xy$ 的   ( )

  A. 极大值点   B. 极小值点

  C. 不知道   D. 既不是极大值点，也不是极小值点

4. 二元函数 $f(x,y)$ 在点 (x_0,y_0) 处两个偏导数 $f'_x(x_0,y_0)$，$f'_y(x_0,y_0)$ 存在是 $f(x,y)$ 在该点连续的   ( )

  A. 充分非必要条件   B. 必要非充分条件

  C. 充要条件   D. 既非充分又非必要条件

5. 设 $z=\varphi(x+y)+\varphi(x-y)$，则必有   ( )

  A. $z_{xx}+z_{yy}=0$ B. $z_{xx}-z_{yy}=0$

  C. $z_{xy}=0$ D. $z_{xx}+z_{xy}=0$

三、计算下列各题

1. 设 $z=e^{xy}\sin(x+y)$，求 $\dfrac{\partial z}{\partial x},\dfrac{\partial z}{\partial y}$.

2. 设 $z=f(xy,x+y)$，求 $\dfrac{\partial z}{\partial y},\dfrac{\partial^2 z}{\partial y^2}$.

四、设 z 是由方程 $e^{x+y}\sin(x+z)=0$ 所确定的 x,y 的函数，求 dz.

五、求函数 $z=x^2-y^3+2xy+y+2$ 的极值.

六、求曲面 $S: x^2+2y^2+3z^2=21$ 上平行于平面 $x+4y+6z=0$ 的切平面和法线的方程.

七、求曲线 $x=t-\sin t, y=1-\cos t, z=4\sin\dfrac{t}{2}$ 对应于 $t=\dfrac{\pi}{2}$ 处的点的切线及法平面方程.

八、求点 $(0,0,1)$ 到曲面 $z=xy$ 的距离.

9 重 积 分

9.1 内容提要与归纳

9.1.1 重积分的概念、性质

1) 二重积分的定义

设函数 $f(x,y)$ 在闭区域 D 上有界,将 D 任意分割为 n 个小区域,用 $\Delta\sigma_i$ 表示第 i 个小区域及其面积,在 $\Delta\sigma_i$ 内任意取一点 (ξ_i,η_i),令 $\lambda=\max\limits_{1\leqslant i\leqslant n}\{\Delta\sigma_i\text{的直径}\}$,若极限 $\lim\limits_{\lambda\to 0}\sum\limits_{i=1}^{n}f(\xi_i,\eta_i)\Delta\sigma_i$ 存在,则称此极限为 $f(x,y)$ 在 D 上的二重积分,记作 $\iint\limits_{D}f(x,y)\mathrm{d}\sigma$. 即

$$\iint\limits_{D}f(x,y)\mathrm{d}\sigma=\lim_{\lambda\to 0}\sum_{i=1}^{n}f(\xi_i,\eta_i)\Delta\sigma_i$$

2) 二重积分的几何意义

在区域 D 上,当 $f(x,y)\geqslant 0$ 时,$\iint\limits_{D}f(x,y)\mathrm{d}\sigma$ 表示曲面 $z=f(x,y)$ 在区域 D 上所对应的曲顶柱体的体积. 当 $f(x,y)$ 在区域 D 上有正有负时,$\iint\limits_{D}f(x,y)\mathrm{d}\sigma$ 表示曲面 $z=f(x,y)$ 在区域 D 上所对应的曲顶柱体的体积的代数和.

3) 二重积分的基本性质

设 $f(x,y),g(x,y)$ 在区域 D 上可积,则二重积分有如下性质:

(1) 设 k 为常数,则 $\iint\limits_{D}kf(x,y)\mathrm{d}\sigma=k\iint\limits_{D}f(x,y)\mathrm{d}\sigma$.

(2) $\iint\limits_{D}[f(x,y)\pm g(x,y)]\mathrm{d}\sigma=\iint\limits_{D}f(x,y)\mathrm{d}\sigma\pm\iint\limits_{D}g(x,y)\mathrm{d}\sigma$.

(3) 如果在区域 D 上 $f(x,y)=1$,则 $\iint\limits_{D}f(x,y)\mathrm{d}\sigma=S_D$,其中 S_D 表示区域 D 的面积.

(4) 如果在区域 D 上 $f(x,y) \geqslant 0$,则 $\iint\limits_{D} f(x,y)\mathrm{d}\sigma \geqslant 0$.

(5) 如果 D 被分为两个区域 D_1, D_2,则

$$\iint\limits_{D} f(x,y)\mathrm{d}\sigma = \iint\limits_{D_1} f(x,y)\mathrm{d}\sigma + \iint\limits_{D_2} f(x,y)\mathrm{d}\sigma$$

(6) 如果 m 和 M 分别是 $f(x,y)$ 在闭区域 D 上的最小值和最大值,S_D 是区域 D 的面积,则

$$mS_D \leqslant \iint\limits_{D} f(x,y)\mathrm{d}\sigma \leqslant MS_D$$

(7)(二重积分的中值定理)如果 $f(x,y)$ 在闭区域 D 上连续,S_D 是区域 D 的面积,则在 D 上至少存在一点 (ξ, η),使 $\iint\limits_{D} f(x,y)\mathrm{d}\sigma = f(\xi, \eta) \cdot S_D$.

4) 三重积分的定义与性质

与二重积分类似,请读者自述.

9.1.2 重积分的计算

1) 二重积分的计算

(1) 直角坐标系下的计算

直角坐标系下的面积元素 $\mathrm{d}\sigma = \mathrm{d}x\mathrm{d}y$.

① X 型:当 D 为由平面曲线 $x = a, x = b, y = \varphi_1(x), y = \varphi_2(x)$ 所围成的区域时,称 D 为 X 型区域. 当 $\varphi_1(x) \leqslant \varphi_2(x)$ 时,D 可表示为:$\{(x,y) \mid a \leqslant x \leqslant b, \varphi_1(x) \leqslant y \leqslant \varphi_2(x)\}$,则

$$\iint\limits_{D} f(x,y)\mathrm{d}x\mathrm{d}y = \int_a^b \mathrm{d}x \int_{\varphi_1(x)}^{\varphi_2(x)} f(x,y)\mathrm{d}y$$

② Y 型:当 D 为由平面曲线 $y = c, y = d, x = \psi_1(y), x = \psi_2(y)$ 所围成的区域时,称 D 为 Y 型区域. 当 $\psi_1(y) \leqslant \psi_2(y)$ 时,D 可表示为:$\{(x,y) \mid c \leqslant y \leqslant d, \psi_1(y) \leqslant x \leqslant \psi_2(y)\}$,则

$$\iint\limits_{D} f(x,y)\mathrm{d}x\mathrm{d}y = \int_c^d \mathrm{d}y \int_{\psi_1(y)}^{\psi_2(y)} f(x,y)\mathrm{d}x$$

(2) 极坐标系下的计算

极坐标系下的面积元素 $\mathrm{d}\sigma = \rho\mathrm{d}\rho\mathrm{d}\theta$,极坐标与直角坐标的关系 $\begin{cases} x = \rho\cos\theta \\ y = \rho\sin\theta \end{cases}$.

θ 型:当 D 为由平面曲线 $\theta = \alpha, \theta = \beta, \rho = \varphi_1(\theta), \rho = \varphi_2(\theta)$ 所围成的区域时,称 D 为 θ 型区域. 当 $\varphi_1(\theta) \leqslant \varphi_2(\theta)$ 时,D 可表示为:$\{(\theta, \rho) \mid \alpha \leqslant \theta \leqslant \beta, \varphi_1(\theta) \leqslant \rho \leqslant \varphi_2(\theta)\}$,则

$$\iint_D f(x,y)\mathrm{d}x\mathrm{d}y = \iint_D f(\rho\cos\theta,\rho\sin\theta)\rho\mathrm{d}\rho\mathrm{d}\theta = \int_\alpha^\beta \mathrm{d}\theta \int_{\varphi_1(\theta)}^{\varphi_2(\theta)} f(\rho\cos\theta,\rho\sin\theta)\rho\mathrm{d}\rho$$

2) 三重积分的计算

(1) 直角坐标系下的计算

直角坐标系下的体积元素 $\mathrm{d}v = \mathrm{d}x\mathrm{d}y\mathrm{d}z$.

① 先一后二型(投影穿针法):将 Ω 投影到 xOy 平面上的区域 D_{xy},若对 $\forall(x,y) \in D_{xy}$,过该点且平行于 z 轴的直线穿过 Ω 时与 Ω 的边界曲面至多有两个交点,分别为 $(x,y,z_1(x,y))$ 与 $(x,y,z_2(x,y))$,则称 Ω 为关于 xOy 面上的先一后二型区域. 对于先一后二型区域上的三重积分常用投影穿针法计算.

当 $z_1(x,y) \leqslant z_2(x,y)$ 时,有
$$\Omega: \forall(x,y) \in D_{xy}, \quad z_1(x,y) \leqslant z \leqslant z_2(x,y)$$

则
$$\iiint_\Omega f(x,y,z)\mathrm{d}v = \iint_{D_{xy}} \mathrm{d}x\mathrm{d}y \int_{z_1(x,y)}^{z_2(x,y)} f(x,y,z)\mathrm{d}z$$

若当 D_{xy} 为 X 型:$a \leqslant x \leqslant b, y_1(x) \leqslant y \leqslant y_2(x)$,则
$$\iiint_\Omega f(x,y,z)\mathrm{d}v = \int_a^b \mathrm{d}x \int_{y_1(x)}^{y_2(x)} \mathrm{d}y \int_{z_1(x,y)}^{z_2(x,y)} f(x,y,z)\mathrm{d}z$$

又若当 D_{xy} 为 Y 型:$c \leqslant y \leqslant d, x_1(y) \leqslant x \leqslant x_2(y)$,则
$$\iiint_\Omega f(x,y,z)\mathrm{d}v = \int_c^d \mathrm{d}y \int_{x_1(y)}^{x_2(y)} \mathrm{d}x \int_{z_1(x,y)}^{z_2(x,y)} f(x,y,z)\mathrm{d}z$$

② 先二后一型(切片法):若将 Ω 投影到 z 轴上,投影区间为 $[c_1,c_2]$,且过 $[c_1,c_2]$ 上任意点 z 作平行于 xOy 面的平面,截 Ω 所得的平面闭区域设为 D_z,则称 Ω 为关于 xOy 面上的先二后一型区域. 对于先二后一型区域上的三重积分常用切片法计算. 若有
$$\Omega: \forall z, z \in [c_1,c_2], (x,y) \in D_z$$

则
$$\iiint_\Omega f(x,y,z)\mathrm{d}v = \int_{c_1}^{c_2} \mathrm{d}z \iint_{D_z} f(x,y,z)\mathrm{d}x\mathrm{d}y$$

特别地,若 Ω 长方体为:$a \leqslant x \leqslant b, c \leqslant y \leqslant d, l \leqslant z \leqslant m$,且
$$f(x,y,z) = f_1(x)f_2(y)f_3(z)$$

则
$$\iiint_D f(x,y,z)\mathrm{d}v = \left[\int_a^b f_1(x)\mathrm{d}x\right] \cdot \left[\int_c^d f_2(y)\mathrm{d}y\right] \cdot \left[\int_l^m f_3(z)\mathrm{d}z\right]$$

(2) 柱面坐标系下的计算

柱面坐标系下的体积元素 $\mathrm{d}v = \rho\mathrm{d}\rho\mathrm{d}\theta\mathrm{d}z$,柱面坐标与直角坐标的关系

$$\begin{cases} x = \rho\cos\theta \\ y = \rho\sin\theta \\ z = z \end{cases}, 则$$

$$\iiint_\Omega f(x,y,z)\mathrm{d}v = \iiint_\Omega f(\rho\cos\theta,\rho\sin\theta,z)\rho\mathrm{d}\rho\mathrm{d}\theta\mathrm{d}z$$

若 $\Omega: z_1(\rho,\theta) \leqslant z \leqslant z_2(\rho,\theta), \rho_1(\theta) \leqslant \rho \leqslant \rho_2(\theta), \alpha \leqslant \theta \leqslant \beta$, 则

$$\iiint_\Omega f(x,y,z)\mathrm{d}v = \int_\alpha^\beta \mathrm{d}\theta \int_{\rho_1(\theta)}^{\rho_2(\theta)} \rho\mathrm{d}\rho \int_{z_1(\rho,\theta)}^{z_2(\rho,\theta)} f(\rho\cos\theta,\rho\sin\theta,z)\mathrm{d}z$$

(3) 球面坐标系下的计算

球面坐标系下的体积元素 $\mathrm{d}v = r^2\sin\varphi\mathrm{d}r\mathrm{d}\varphi\mathrm{d}\theta$, 球面坐标与直角坐标的关系

$$\begin{cases} x = r\sin\varphi\cos\theta \\ y = r\sin\varphi\sin\theta \\ z = r\cos\varphi \end{cases}, 其中 0 \leqslant r \leqslant +\infty, 0 \leqslant \varphi \leqslant \pi, 0 \leqslant \theta \leqslant 2\pi, 则$$

$$\iiint_\Omega f(x,y,z)\mathrm{d}v = \iiint_\Omega f(r\sin\varphi\cos\theta,r\sin\varphi\sin\theta,r\cos\varphi)r^2\sin\varphi\mathrm{d}r\mathrm{d}\varphi\mathrm{d}\theta$$

若 $\Omega: r_1(\varphi,\theta) \leqslant r \leqslant r_2(\varphi,\theta), \varphi_1(\theta) \leqslant \varphi \leqslant \varphi_2(\theta), \alpha \leqslant \theta \leqslant \beta$, 则

$$\iiint_\Omega f(x,y,z)\mathrm{d}v = \int_\alpha^\beta \mathrm{d}\theta \int_{\varphi_1(\theta)}^{\varphi_2(\theta)} \mathrm{d}\varphi \int_{r_1(\varphi,\theta)}^{r_2(\varphi,\theta)} f(r\sin\varphi\cos\theta,r\sin\varphi\sin\theta,r\cos\varphi)r^2\sin\varphi\mathrm{d}r$$

3) 对称性、轮换性在重积分计算中的应用

(1) 对称性在二重积分计算中的应用

① 若积分区域 D 关于 x 轴对称, 则:

当 $f(x,y)$ 是关于 y 的奇函数时, $\iint_D f(x,y)\mathrm{d}x\mathrm{d}y = 0$;

当 $f(x,y)$ 是关于 y 的偶函数时, $\iint_D f(x,y)\mathrm{d}x\mathrm{d}y = 2\iint_{D_1} f(x,y)\mathrm{d}x\mathrm{d}y$, 其中区域 D_1 为区域 D 的上半部分.

② 若区域 D 关于 y 轴对称, 则:

当 $f(x,y)$ 是关于 x 的奇函数时, $\iint_D f(x,y)\mathrm{d}x\mathrm{d}y = 0$;

当 $f(x,y)$ 是关于 x 的偶函数时, $\iint_D f(x,y)\mathrm{d}x\mathrm{d}y = 2\iint_{D_1} f(x,y)\mathrm{d}x\mathrm{d}y$, 其中区域 D_1 为区域 D 的右半部分.

(2) 对称性在三重积分计算中的应用

① 如果积分区域 Ω 关于 xOy 面对称, 则:

当 $f(x,y,z)$ 是关于 z 的奇函数(即满足 $f(x,y,-z)=-f(x,y,z)$)时,则 $\iiint\limits_{\Omega} f(x,y,z)\mathrm{d}v = 0$;

当 $f(x,y,z)$ 是关于 z 的偶函数(即满足 $f(x,y,-z)=f(x,y,z)$)时,则 $\iiint\limits_{\Omega} f(x,y,z)\mathrm{d}v = 2\iiint\limits_{\Omega_1} f(x,y,z)\mathrm{d}v$,其中 Ω_1 是 Ω 在 xOy 面上方的部分.

② 如果积分区域 Ω 关于 yOz 面对称,则:

当 $f(x,y,z)$ 是关于 x 的奇函数时,则 $\iiint\limits_{\Omega} f(x,y,z)\mathrm{d}v = 0$;

当 $f(x,y,z)$ 是关于 x 的偶函数时,则 $\iiint\limits_{\Omega} f(x,y,z)\mathrm{d}v = 2\iiint\limits_{\Omega_1} f(x,y,z)\mathrm{d}v$,其中 Ω_1 是 Ω 在 yOz 面前方的部分.

③ 如果积分区域 Ω 关于 xOz 面对称,则:

当 $f(x,y,z)$ 是关于 y 的奇函数时,则 $\iiint\limits_{\Omega} f(x,y,z)\mathrm{d}v = 0$;

当 $f(x,y,z)$ 是关于 y 的偶函数时,则 $\iiint\limits_{\Omega} f(x,y,z)\mathrm{d}v = 2\iiint\limits_{\Omega_1} f(x,y,z)\mathrm{d}v$,其中 Ω_1 是 Ω 在 xOz 面右方的部分.

(3) 轮换性在二重积分计算中的应用

① 若平面区域 D 关于直线 $y=x$ 对称,则

$$\iint\limits_{D} f(x,y)\mathrm{d}x\mathrm{d}y = \iint\limits_{D} f(y,x)\mathrm{d}x\mathrm{d}y = \frac{1}{2}\iint\limits_{D} [f(x,y)+f(y,x)]\mathrm{d}x\mathrm{d}y$$

② 特别地,若平面区域 $D = \{(x,y) \mid x+y \leqslant a, x \geqslant 0, y \geqslant 0, a > 0\}$ 或 $D = \{(x,y) \mid x^2+y^2 \leqslant a^2\}$,则

$$\iint\limits_{D} f(x)\mathrm{d}\sigma = \iint\limits_{D} f(y)\mathrm{d}\sigma$$

(4) 轮换性在三重积分计算中的应用

若空间区域 $\Omega = \{(x,y,z) \mid x+y+z \leqslant a, x \geqslant 0, y \geqslant 0, z \geqslant 0, a > 0\}$ 或 $\Omega = \{(x,y,z) \mid x^2+y^2+z^2 \leqslant a^2\}$,则该空间区域的图形具有轮换对称性,则

$$\iiint\limits_{\Omega} f(x,y,z)\mathrm{d}v = \iiint\limits_{\Omega} f(y,z,x)\mathrm{d}v = \iiint\limits_{\Omega} f(z,x,y)\mathrm{d}v$$

且

$$\iiint\limits_{\Omega} f(x)\mathrm{d}v = \iiint\limits_{\Omega} f(y)\mathrm{d}v = \iiint\limits_{\Omega} f(z)\mathrm{d}v$$

9.1.3 重积分的应用

1) 重积分在几何上的应用

(1) 平面图形 D 的面积
$$A = \iint_D dxdy$$

(2) 柱体 Ω 的体积

若柱体 Ω 是以其在 xOy 面上的投影闭区域 D 的边界曲线为准线而母线平行于 z 轴的柱面,其顶曲面方程为 $z = z_2(x,y)$,底曲面方程为 $z = z_1(x,y)$,且 $z = z_1(x,y), z = z_2(x,y)$ 在 D 上连续,则柱体 Ω 的体积为
$$V = \iint_D [z_2(x,y) - z_1(x,y)]d\sigma$$

(3) 曲面 Σ 的面积

① 若曲面 Σ 的方程为 $z = f(x,y)$,则其面积为
$$A = \iint_{D_{xy}} \sqrt{1 + f_x^2(x,y) + f_y^2(x,y)}\, dxdy$$

② 若曲面 Σ 的方程为 $x = g(y,z)$,则其面积为
$$A = \iint_{D_{yz}} \sqrt{1 + g_y^2(y,z) + g_z^2(y,z)}\, dydz$$

③ 若曲面 Σ 的方程为 $y = h(x,z)$,则其面积为
$$A = \iint_{D_{xz}} \sqrt{1 + h_x^2(x,z) + h_z^2(x,z)}\, dxdz$$

其中 D_{xy}, D_{yz}, D_{xz} 分别是 Σ 在 xOy, yOz, xOz 面上的投影区域.

(4) 立体 Ω 的体积
$$V = \iiint_\Omega dv$$

2) 重积分在物理上的应用

设平面薄片型物体在 xOy 平面上占有的区域为 D,密度为 $\rho(x,y)$;空间立体型物体占有的空间区域为 Ω,密度为 $\rho(x,y,z)$.

(1) 物体的质量

① 平面薄片型物体的质量为 $M = \iint_D \rho(x,y)d\sigma$.

② 空间立体型物体的质量为 $M = \iiint_\Omega \rho(x,y,z)dv$.

(2) 物体的重心

① 设平面薄片 D 的质量为 M,重心为 $(\bar{x},\bar{y})$,则

$$\bar{x} = \frac{1}{M}\iint_D x\rho(x,y)d\sigma, \quad \bar{y} = \frac{1}{M}\iint_D y\rho(x,y)d\sigma$$

如果平面薄片是均匀分布的,其面积为 A,则

$$\bar{x} = \frac{1}{A}\iint_D x d\sigma, \quad \bar{y} = \frac{1}{A}\iint_D y d\sigma$$

② 设立体 Ω 的质量为 M,重心为 $(\bar{x},\bar{y},\bar{z})$,则

$$\bar{x} = \frac{1}{M}\iiint_\Omega x\rho(x,y,z)dv, \quad \bar{y} = \frac{1}{M}\iiint_\Omega y\rho(x,y,z)dv, \quad \bar{z} = \frac{1}{M}\iiint_\Omega z\rho(x,y,z)dv$$

如果立体 Ω 是均匀分布的,其体积为 V,则

$$\bar{x} = \frac{1}{V}\iiint_\Omega x dv, \quad \bar{y} = \frac{1}{V}\iiint_\Omega y dv, \quad \bar{z} = \frac{1}{V}\iiint_\Omega z dv$$

(3) 物体的转动惯量

下面用 I_x, I_y, I_z 及 I_O 分别表示对应物体对 x 轴、y 轴、z 轴及坐标原点的转动惯量,则:

① 平面薄片型物体的转动惯量为

$$I_x = \iint_D y^2\rho(x,y)d\sigma, \quad I_y = \iint_D x^2\rho(x,y)d\sigma, \quad I_O = \iint_D (x^2+y^2)\rho(x,y)d\sigma$$

② 空间立体型物体的转动惯量为

$$I_x = \iiint_\Omega (y^2+z^2)\rho(x,y,z)dv, \quad I_y = \iiint_\Omega (x^2+z^2)\rho(x,y,z)dv$$

$$I_z = \iiint_\Omega (x^2+y^2)\rho(x,y,z)dv, \quad I_O = \iiint_\Omega (x^2+y^2+z^2)\rho(x,y,z)dv$$

9.2 典型例题分析

例1 比较下列各题中的积分 I_1, I_2, I_3 的大小.

(1) 设 $I_1 = \iint_D \ln^3(x+y)d\sigma, I_2 = \iint_D (x+y)^3 d\sigma, I_3 = \iint_D [\sin(x+y)]^3 d\sigma$,其中 D 是由 $x=0, y=0, x+y=\frac{1}{2}, x+y=1$ 围成.

(2) 设区域 $D_1 = \{(x,y) \mid |x|+|y| \leqslant 1\}, D_2 = \{(x,y) \mid x^2+y^2 \leqslant 1\}$,$D_3 = \{(x,y) \mid |x| \leqslant 1, |y| \leqslant 1\}$,记 $I_i = \iint_{D_i} e^{2x-2y-x^2-y^2}dxdy \ (i=1,2,3)$.

解 (1) 在 D 上,显然有 $\frac{1}{2} \leqslant x+y \leqslant 1$,由于

$$\ln^3(x+y)\leqslant 0, 0\leqslant [\sin(x+y)]^3\leqslant (x+y)^3$$

故
$$\ln^3(x+y)\leqslant [\sin(x+y)]^3\leqslant (x+y)^3$$

故
$$I_1 < I_3 < I_2$$

（2）易知：$D_1 \subset D_2 \subset D_3$，又
$$e^{2x-2y-x^2-y^2} > 0$$

故
$$I_1 < I_2 < I_3$$

小结：相同区域的积分大小取决于被积函数的大小；相同被积函数的积分的大小取决于积分区域的大小．

例 2 交换下列积分的次序：

（1）$\int_1^2 dx \int_1^{x^2} f(x,y) dy$.

（2）$\int_0^1 dx \int_{-\sqrt{x}}^{\sqrt{x}} f(x,y) dy + \int_1^4 dx \int_{x-2}^{\sqrt{x}} f(x,y) dy$.

解 （1）原累次积分中的区域 D 为 X 型区域，其不等式组表示为
$$D: 1\leqslant x\leqslant 2, 1\leqslant y\leqslant x^2$$
交换积分的次序必须将 D 看作 Y 型区域，由图 9-1 可知其不等式组表示为
$$D: 1\leqslant y\leqslant 4, \sqrt{y}\leqslant x\leqslant 2$$

故
$$\int_1^2 dx \int_1^{x^2} f(x,y) dy = \int_1^4 dy \int_{\sqrt{y}}^2 f(x,y) dx$$

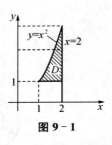
图 9-1

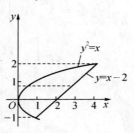
图 9-2

（2）原式中的两个累次积分中的积分区域 D_1、D_2 是两个相邻的 X 型区域，其不等式组分别可表示为
$$D_1: 0\leqslant x\leqslant 1, -\sqrt{x}\leqslant y\leqslant \sqrt{x}$$

$$D_2: 1 \leqslant x \leqslant 4, x-2 \leqslant y \leqslant \sqrt{x}$$

交换积分的次序必须将 D_1、D_2 合成的区域 D 看作 Y 型区域,由图 9-2 可知 D 的不等式组表示为

$$D: -1 \leqslant y \leqslant 2, y^2 \leqslant x \leqslant y+2$$

故

$$\int_0^1 dx \int_{-\sqrt{x}}^{\sqrt{x}} f(x,y) dy + \int_1^4 dx \int_{x-2}^{\sqrt{x}} f(x,y) dy = \int_{-1}^2 dy \int_{y^2}^{y+2} f(x,y) dx$$

> **小结**:要交换积分次序,首先由所给二次积分上、下限作出积分区域 D 的草图,然后根据图形确定 D 在另一型下的不等式组表示,从而得到交换积分次序后的二次积分上、下限.

例 3 计算下列二重积分:

(1) $\iint_D xy\,d\sigma$,其中 D 是由抛物线 $y=x^2$ 及直线 $x-y+2=0$ 所围成的闭区域.

(2) $\iint_D \dfrac{\sin y}{y} dx dy$,其中 D 是由抛物线 $y^2=x$ 及直线 $y=x$ 所围成的闭区域.

(3) $\iint_D \sin(x^2+y^2) dx dy$,其中 D 是由 $x^2+y^2=1$ 和 $x^2+y^2=4$ 所围成的区域.

解 (1) 根据图形(如图 9-3 所示)特点选择 X 型区域积分较简单,则区域 D 可表示为

$$D = \left\{ (x,y) \,\middle|\, \begin{array}{c} -1 \leqslant x \leqslant 2 \\ x^2 \leqslant y \leqslant x+2 \end{array} \right\}$$

则

$$\iint_D xy\,d\sigma = \int_{-1}^2 x\,dx \int_{x^2}^{x+2} y\,dy = \int_{-1}^2 x \left[\frac{y^2}{2}\right]_{x^2}^{x+2} dx$$

$$= \frac{1}{2}\int_{-1}^2 [x(x+2)^2 - x^5] dx = \frac{45}{8}$$

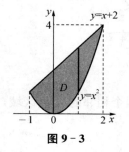

图 9-3

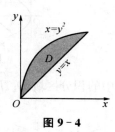

图 9-4

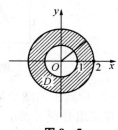

图 9-5

(2) 如图 9-4 所示，由于 $\dfrac{\sin y}{y}$ 的原函数不是初等函数，故该二重积分只能选择先对 x 后对 y 的积分次序来积分，即应选 Y 型区域积分．

这时积分区域可表示为

$$D = \left\{(x,y) \,\middle|\, \begin{array}{l} 0 \leqslant y \leqslant 1 \\ y^2 \leqslant x \leqslant y \end{array}\right\}$$

则

$$\iint_D \dfrac{\sin y}{y} dx dy = \int_0^1 \dfrac{\sin y}{y} dy \int_{y^2}^y dx = \int_0^1 \dfrac{\sin y}{y} [x]_{y^2}^y dy = \int_0^1 (1-y) \sin y \, dy$$
$$= [y\cos y - \sin y - \cos y]_0^1 = 1 - \sin 1$$

(3) 由于积分区域 D 为圆环区域（如图 9-5 所示），可知该积分应利用极坐标计算较为简单，这时积分区域可表示为：

$$D = \left\{(\theta,\rho) \,\middle|\, \begin{array}{l} 0 \leqslant \theta \leqslant 2\pi \\ 1 \leqslant \rho \leqslant 2 \end{array}\right\}$$

故

$$\iint_D \sin(x^2+y^2) dx dy = \iint_D \sin\rho^2 \cdot \rho d\rho d\theta = \int_0^{2\pi} d\theta \int_1^2 \sin\rho^2 \cdot \rho d\rho = \pi(\cos 1 - \cos 4)$$

小结：由此例可看出，在把二重积分化为二次积分时，选择恰当的积分次序是非常重要的，这取决于被积函数和积分区域．当积分区域为圆域或环域或是它们的一部分，且被积函数含有 x^2+y^2，$\dfrac{y}{x}$ 形式的因子时，利用极坐标系计算二重积分较为简单，其他情形下则选用直角坐标系计算．

例 4 计算下列二重积分：

(1) $\iint_D x e^{y^2} dx dy$，其中 D 是由 $-1 \leqslant x \leqslant 1, 0 \leqslant y \leqslant 1$ 所确定的区域．

(2) $\iint_D (|x|+|y|) dx dy$，其中 D 是由 $|x|+|y| \leqslant 1$ 所确定的区域．

解 (1) 因为积分区域（如图 9-6 所示）关于 y 轴对称，被积函数 $f(x,y) = x e^{y^2}$ 是关于 x 的奇函数，所以

$$\iint_D x e^{y^2} dx dy = 0$$

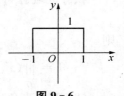

图 9-6

(2) 积分区域 D(如图 9-7 所示)的边界线为 $|x|+|y|=1$, D 是关于 x 轴和 y 轴都对称的区域,而被积函数 $f(x,y)=|x|+|y|$ 关于 x 和关于 y 都是偶函数,因此

$$\iint\limits_D (|x|+|y|)\mathrm{d}x\mathrm{d}y = 4\iint\limits_D (x+y)\mathrm{d}x\mathrm{d}y = 4\int_0^1 \mathrm{d}x \int_0^{1-x} (x+y)\mathrm{d}y$$
$$= 4\int_0^1 \left[x(1-x)+\frac{1}{2}(1-x)^2\right]\mathrm{d}x = \frac{4}{3}$$

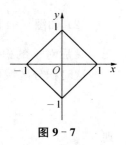

图 9-7

小结:利用被积函数的奇偶性和积分区域的对称性,可以简化二重积分的计算.

例 5 设积分区域 Ω 是由 $z=\sqrt{x^2+y^2}$ 与 $z=1$ 所围成的区域,计算:

(1) $I = \iiint\limits_\Omega (x^2+y^2)\mathrm{d}v$.

(2) $I = \iiint\limits_\Omega z\mathrm{d}v$.

解 (1) 积分区域 Ω 的图形如图 9-8 所示.

解法一:利用直角坐标系计算.

采用先一后二型:Ω 在 xOy 平面上的投影区域

$$D_{xy}: x^2+y^2 \leqslant 1, \text{且}\sqrt{x^2+y^2} \leqslant z \leqslant 1$$

则

$$I = \iiint\limits_\Omega (x^2+y^2)\mathrm{d}v = \iint\limits_{D_{xy}} \mathrm{d}x\mathrm{d}y \int_{\sqrt{x^2+y^2}}^1 (x^2+y^2)\mathrm{d}z$$
$$= \iint\limits_{D_{xy}} (x^2+y^2)(1-\sqrt{x^2+y^2})\mathrm{d}x\mathrm{d}y$$
$$= \int_0^{2\pi} \mathrm{d}\theta \int_0^1 \rho^2(1-\rho)\rho\mathrm{d}\rho = \frac{\pi}{10}$$

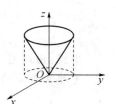

图 9-8

解法二:利用柱面坐标系计算.

积分区域 Ω 可表示为

$$\Omega: 0 \leqslant \theta \leqslant 2\pi, 0 \leqslant \rho \leqslant 1, \rho \leqslant z \leqslant 1$$

则

$$I = \iiint\limits_\Omega (x^2+y^2)\mathrm{d}v = \int_0^{2\pi}\mathrm{d}\theta\int_0^1 \rho\mathrm{d}\rho\int_\rho^1 \rho^2\mathrm{d}z = 2\pi\int_0^1 \rho^3(1-\rho)\mathrm{d}\rho = \frac{\pi}{10}$$

(2) 利用直角坐标系下的切片法计算.

积分区域 Ω 可表示为

$$\Omega: 0 \leqslant z \leqslant 1, D_z: x^2+y^2 \leqslant z^2$$

则
$$I = \iiint_\Omega z\,dv = \int_0^1 z\,dz \iint_{D_z} dx\,dy = \int_0^1 z\pi z^2\,dz = \frac{\pi}{4}$$

例 6 求 $I = \iiint_\Omega z\,dx\,dy\,dz$,其中 Ω 是上半球体:$x^2+y^2+z^2 \leqslant 1, z \geqslant 0$.

解 利用球面坐标系计算,由 $\Omega: \begin{cases} 0 \leqslant \theta \leqslant 2\pi \\ 0 \leqslant \varphi \leqslant \dfrac{\pi}{2} \\ 0 \leqslant r \leqslant 1 \end{cases}$,则

$$I = \iiint_\Omega z\,dx\,dy\,dz = \int_0^{2\pi} d\theta \int_0^{\frac{\pi}{2}} d\varphi \int_0^1 r^3 \sin\varphi\cos\varphi\,dr$$
$$= \frac{\pi}{2} \int_0^{\frac{\pi}{2}} \sin\varphi\cos\varphi\,d\varphi = \frac{\pi}{4}$$

> **小结**:在计算三重积分时,应先根据积分区域的特点与被积函数的特点选择相应的坐标系计算,在选定坐标系后,再确定积分次序及积分变量的上、下限,将三重积分化为累次积分计算.

例 7 计算三重积分 $I = \iiint_\Omega (x+y+z)^2\,dv$,其中 $\Omega: x^2+y^2+z^2 \leqslant 1$.

解 积分区域 Ω 关于三个坐标面对称,而 xy, xz, yz 为关于 x 或 y 的奇函数,故

$$\iiint_\Omega xy\,dx\,dy\,dz = \iiint_\Omega yz\,dx\,dy\,dz = \iiint_\Omega xz\,dx\,dy\,dz = 0$$

所以
$$I = \iiint_\Omega (x+y+z)^2\,dv = \iiint_\Omega (x^2+y^2+z^2+2xy+2xz+2yz)\,dx\,dy\,dz$$
$$= \iiint_\Omega (x^2+y^2+z^2)\,dx\,dy\,dz = \int_0^{2\pi} d\theta \int_0^\pi d\varphi \int_0^1 r^2 \cdot r^2 \sin\varphi\,dr = \frac{4}{5}\pi$$

> **小结**:此例表明,和二重积分、定积分一样,三重积分计算中,应用对称性不仅要考虑积分区域的对称性,还必须同时考虑被积函数在该区域上的奇偶性.

例 8 求空间立体 Ω 的体积,其中 Ω 是由 $z = \sqrt{x^2+y^2}$ 与 $z = 1 + \sqrt{1-x^2-y^2}$ 所围成的区域.

解 解法一:积分区域 Ω 的图形如图 9-9 所示,选用柱面坐标系计算.

积分区域 Ω 可表示为

$$\Omega: \rho \leqslant z \leqslant 1+\sqrt{1-\rho^2}, 0 \leqslant \rho \leqslant 1, 0 \leqslant \theta \leqslant 2\pi$$

$$V = \iiint\limits_{\Omega} \mathrm{d}x\mathrm{d}y\mathrm{d}z = \int_0^{2\pi} \mathrm{d}\theta \int_0^1 \rho\mathrm{d}\rho \int_\rho^{1+\sqrt{1-\rho^2}} \mathrm{d}z$$

$$= 2\pi \int_0^1 \rho(1+\sqrt{1-\rho^2} - \rho)\mathrm{d}\rho = \pi$$

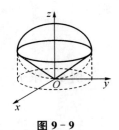

图 9-9

解法二:选用球面坐标系计算.

积分区域 Ω 可表示为

$$\Omega: 0 \leqslant \theta \leqslant 2\pi, 0 \leqslant \varphi \leqslant \frac{\pi}{4}, 0 \leqslant r \leqslant 2\cos\varphi$$

$$V = \iiint\limits_{\Omega} \mathrm{d}x\mathrm{d}y\mathrm{d}z = \int_0^{2\pi} \mathrm{d}\theta \int_0^{\frac{\pi}{4}} \mathrm{d}\varphi \int_0^{2\cos\varphi} r^2 \sin\varphi \mathrm{d}r$$

$$= 2\pi \int_0^{\frac{\pi}{4}} \frac{8}{3} \sin\varphi \cos^3\varphi \, \mathrm{d}\varphi = \pi$$

例 9 求腰长为 a 的等腰直角三角形的形心.

解 设等腰直角三角形的两直角边分别为 OA 和 OB(如图 9-10 所示),斜边 AB 的方程为 $x+y=a$. 显然,形心必在直线 $y=x$ 上.

设形心 $(\bar{x}, \bar{y})$,则 $\bar{x} = \bar{y}$. 由形心公式有

$$\bar{x} = \iint\limits_D x\mathrm{d}\sigma \Big/ \iint\limits_D \mathrm{d}\sigma$$

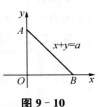

图 9-10

其中 D 是由 $0 \leqslant x \leqslant a, 0 \leqslant y \leqslant a-x$ 所确定的区域.

于是

$$\iint\limits_D x\mathrm{d}\sigma = \int_0^a \mathrm{d}x \int_0^{a-x} x\mathrm{d}y = \int_0^a x(a-x)\mathrm{d}x = \frac{a \cdot a^2}{2} - \frac{a^3}{3} = \frac{1}{6}a^3$$

而

$$\iint\limits_D \mathrm{d}\sigma = \frac{1}{2}a^2$$

因此

$$\bar{x} = \frac{1}{6}a^3 \Big/ \frac{1}{2}a^2 = \frac{1}{3}a, \bar{y} = \frac{1}{3}a$$

例 10 求密度为 $\rho(x,y,z) = \sqrt{x^2+y^2+z^2}$ 的球体 $x^2+y^2+z^2 \leqslant 2z$ 的质量.

解 球体如图 9-11 所示,设球体的质量为 M,则

$$M = \iiint_\Omega \rho(x,y,z)\mathrm{d}v = \iiint_{x^2+y^2+z^2\leqslant 2z} \sqrt{x^2+y^2+z^2}\,\mathrm{d}v$$

$$= \int_0^{2\pi}\mathrm{d}\theta\int_0^{\frac{\pi}{2}}\mathrm{d}\varphi\int_0^{2\cos\varphi} r\cdot r^2\sin\varphi\,\mathrm{d}r$$

$$= 2\pi\int_0^{\frac{\pi}{2}}\sin\varphi\cdot\frac{(2\cos\varphi)^4}{4}\mathrm{d}\varphi = \frac{8}{5}\pi$$

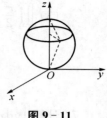

图 9-11

基础练习 9

1. 交换积分次序 $\int_0^1 \mathrm{d}y\int_{\sqrt{y}}^{2-y} f(x,y)\mathrm{d}x = $ _____ .

2. 设 $f(x)$ 为连续函数,a,m 是常数且 $a > 0$,将二次积分 $\int_0^a \mathrm{d}y\int_0^y \mathrm{e}^{m(a-x)}f(x)\mathrm{d}x$ 化为定积分为 _____ .

3. 设 $I = \iiint\limits_{\substack{|x|\leqslant 1\\|y|\leqslant 1\\|z|\leqslant 1}} (\mathrm{e}^{y^2}\sin y^3 + z^2\tan x + 3)\mathrm{d}v$,则 $I = $ _____ .

4. $\iiint\limits_{x^2+y^2+z^2\leqslant 1} (x^2+y^2+z^2)\mathrm{d}v = $ _____ .

5. 密度为1的旋转抛物体 $\Omega: x^2+y^2\leqslant z\leqslant 1$ 绕 z 轴的转动惯量 $I_z = $ _____ .

6. 计算下列二重积分:

   (1) $\int_0^1 \mathrm{d}x\int_x^1 \mathrm{e}^{\frac{x}{y}}\mathrm{d}y$.

   (2) $\iint\limits_D xy^2\,\mathrm{d}x\mathrm{d}y$,其中 D 是由抛物线 $y^2 = 4x$ 与直线 $x = 1$ 所围成的区域.

(3) $\iint\limits_{D}\left(\dfrac{x^2}{2}+\dfrac{y^2}{3}\right)\mathrm{d}x\mathrm{d}y$,其中 $D=\{(x,y)\mid x^2+y^2\leqslant R^2\}$.

7. 计算 $\iint\limits_{D}y\mathrm{d}x\mathrm{d}y$,其中 D 是由直线 $x=-2$,$y=0$,$y=2$ 以及曲线 $x=-\sqrt{2y-y^2}$ 所围成的区域.

8. 求由两曲面 $z=x^2+y^2$,$z=\sqrt{2-x^2-y^2}$ 所围成的立体的体积.

9. 计算 $I=\iiint\limits_{\Omega}(x^2+y^2)\mathrm{d}v$,其中 Ω 是由 $x^2+y^2=2z$,$z=1$ 及 $z=2$ 所围成的空间闭区域.

10. 计算 $I=\iiint\limits_{\Omega}z^2\mathrm{d}x\mathrm{d}y\mathrm{d}z$,其中 Ω 是两个球体 $x^2+y^2+z^2\leqslant 4$ 及 $x^2+y^2+z^2\leqslant 4z$ 的公共部分.

强化训练 9

一、填空题

1. 改变二次积分次序：$\int_1^2 dx \int_1^{x^2} f(x,y) dy =$ _____.

2. 交换积分次序：$\int_0^1 dx \int_x^{-x^2+2} f(x,y) dy =$ _____.

3. 交换积分次序：$\int_0^{\frac{1}{4}} dy \int_y^{\sqrt{y}} f(x,y) dx + \int_{\frac{1}{4}}^{\frac{1}{2}} dy \int_y^{\frac{1}{2}} f(x,y) dx =$ _____.

4. 根据二重积分的几何意义，$\iint_D \sqrt{4-x^2-y^2} dxdy =$ _____. (其中 $D: x^2+y^2 \leqslant 4, x \geqslant 0, y \geqslant 0$)

5. 已知 D 是长方形区域：$a \leqslant x \leqslant b, 0 \leqslant y \leqslant 1$，且 $\iint_D yf(x) d\sigma = 1$，则 $\int_a^b f(x) dx =$ _____.

6. 设 D 为圆域：$x^2+y^2 \leqslant a^2$，$\iint_D \sqrt{a^2-x^2-y^2} dxdy = \pi$，则 $a =$ _____.

7. $I = \iint_D (2x^3+3y^5+\sin^3 x) dxdy$，$D$ 为 $x^2+y^2 \leqslant 1$，则 $I =$ _____.

8. 设 Ω 由三个坐标平面和 $x=1, y=1, z=1$ 三个平面围成，则 $\iiint_\Omega (x^3+y^3+3) dv =$ _____.

9. 三重积分 $I = \iiint_\Omega f(x,y,z) dV$，其中 Ω 为 $z=x^2+y^2$ 与 $z=\sqrt{2-x^2-y^2}$ 所围成，将三重积分在柱面坐标系中化成三次积分为 _____.

10. 设 Ω 是由 $z=x^2+y^2, z=1, z=4$ 所围成的区域，则 $\iiint_\Omega f(x,y,z) dxdydz$ 在柱面坐标系中的三次积分表达式为 _____.

二、选择题

1. 设 $f(x,y)$ 为连续函数，则 $\int_0^{\frac{\pi}{4}} d\theta \int_0^1 f(\rho\cos\theta, \rho\sin\theta) \rho d\rho$ 等于 ( )

   A. $\int_0^{\frac{\sqrt{2}}{2}} dx \int_x^{\sqrt{1-x^2}} f(x,y) dy$
   B. $\int_0^{\frac{\sqrt{2}}{2}} dx \int_0^{\sqrt{1-x^2}} f(x,y) dy$
   C. $\int_0^{\frac{\sqrt{2}}{2}} dy \int_y^{\sqrt{1-y^2}} f(x,y) dx$
   D. $\int_0^{\frac{\sqrt{2}}{2}} dy \int_0^{\sqrt{1-y^2}} f(x,y) dx$

2. 设积分区域 $D = \{(x,y) \mid x^2 + y^2 \leqslant R^2, y \geqslant 0\}$，其中 D_1 是积分区域 D 在 $x \geqslant 0$ 的部分区域，则 （ ）

   A. $\iint\limits_{D} x\,dxdy = 2\iint\limits_{D_1} x\,dxdy$ B. $\iint\limits_{D} y\,dxdy = 2\iint\limits_{D_1} x\,dxdy$

   C. $\iint\limits_{D} x\,dxdy = 2\iint\limits_{D_1} y\,dxdy$ D. $\iint\limits_{D} xy\,dxdy = 2\iint\limits_{D_1} xy\,dxdy$

3. 设 $I_1 = \iint\limits_{D} \ln(x+y)\,d\sigma$，$I_2 = \iint\limits_{D}(x+y)\,d\sigma$，$I_3 = \iint\limits_{D} \sin(x+y)\,d\sigma$，其中 D 是由 $x = 0, y = 0, x+y = \frac{1}{2}, x+y = 1$ 围成，则 I_1, I_2, I_3 之间的大小顺序为
   （ ）

   A. $I_1 < I_2 < I_3$ B. $I_3 < I_2 < I_1$

   C. $I_1 < I_3 < I_2$ D. $I_3 < I_1 < I_2$

4. $I = \iint\limits_{D} e^{x^2+y^2}\,dxdy$，$D: a^2 \leqslant x^2 + y^2 \leqslant b^2 (0 < a < b)$，则 $I = $ （ ）

   A. $\pi(e^{b^2} - e^{a^2})$ B. $2\pi(e^{b^2} - e^{a^2})$

   C. $\pi(e^b - e^a)$ D. $2\pi(e^b - e^a)^2$

5. 设 D 是由 $x^2 + y^2 = a^2$ 与 $x + y = a$ 所围第一象限内的闭区域，则 $\iint\limits_{D} dxdy = $
   （ ）

   A. $\frac{1}{4}\pi a^2$ B. $\frac{1}{2}a^2$

   C. $\left(\frac{\pi}{4} - \frac{1}{2}\right)a^2$ D. $\left(\frac{\pi}{4} + \frac{1}{2}\right)a^2$

6. 设区域 D 是由圆周 $x^2 + y^2 = 1$ 所围成的闭区域，则 $\iint\limits_{D} e^{\sqrt{x^2+y^2}}\,dxdy = $ （ ）

   A. $2\pi e$ B. πe C. $2\pi(e-1)$ D. 2π

7. 设 $f(x) = \begin{cases} \sin x, & 0 \leqslant x \leqslant 2 \\ 0, & \text{其他} \end{cases}$，$D$ 是全平面，则 $\iint\limits_{D} f(x)f(y-x)\,dxdy$ 的值为
   （ ）

   A. $(1-\cos 2)^2$ B. $(1+\cos 2)^2$

   C. $(1+\sin 2)^2$ D. $(1-\sin 2)^2$

8. 设 $f(x) = \int_x^1 e^{\frac{x}{y}}\,dy$，则 $\int_0^1 f(x)\,dx = $ （ ）

   A. $\frac{e}{2}$ B. 1 C. 0 D. $\frac{e-1}{2}$

9. 设 $\Omega: x^2+y^2+z^2 \leqslant 1, z \geqslant 0$,则三重积分 $I=\iiint\limits_{\Omega} z\mathrm{d}V$ 等于 （　　）

A. $4\int_0^{\frac{\pi}{2}}\mathrm{d}\theta\int_0^{\frac{\pi}{2}}\mathrm{d}\varphi\int_0^1 r^3\sin\varphi\cos\varphi\mathrm{d}r$ B. $\int_0^{\frac{\pi}{2}}\mathrm{d}\theta\int_0^{\pi}\mathrm{d}\varphi\int_0^1 r^2\sin\varphi\mathrm{d}r$

C. $\int_0^{2\pi}\mathrm{d}\theta\int_0^{\frac{\pi}{2}}\mathrm{d}\varphi\int_0^1 r^3\sin\varphi\cos\varphi\mathrm{d}r$ D. $\int_0^{2\pi}\mathrm{d}\theta\int_0^{\pi}\mathrm{d}\varphi\int_0^1 r^3\sin\varphi\cos\varphi\mathrm{d}r$

10. 球面 $x^2+y^2+z^2=4a^2$ 与柱面 $x^2+y^2=2ax$ 所围成立体的体积 $V=$ （　　）

A. $4\int_0^{\frac{\pi}{2}}\mathrm{d}\theta\int_0^{2a\cos\theta}\sqrt{4a^2-r^2}\mathrm{d}r$ B. $4\int_0^{\frac{\pi}{2}}\mathrm{d}\theta\int_0^{2a\cos\theta}r\sqrt{4a^2-r^2}\mathrm{d}r$

C. $8\int_0^{\frac{\pi}{2}}\mathrm{d}\theta\int_0^{2a\cos\theta}r\sqrt{4a^2-r^2}\mathrm{d}r$ D. $\int_{-\frac{\pi}{2}}^{\frac{\pi}{2}}\mathrm{d}\theta\int_0^{2a\cos\theta}r\sqrt{4a^2-r^2}\mathrm{d}r$

三、计算下列二重积分或累次积分

1. $\int_0^1\mathrm{d}x\int_x^1 x^2\mathrm{e}^{-y^2}\mathrm{d}y$

2. $\int_0^1\mathrm{d}x\int_x^1 y\sin\dfrac{x}{y}\mathrm{d}y$

3. $I=\int_0^1\mathrm{d}y\int_y^1\dfrac{y}{\sqrt{1+x^3}}\mathrm{d}x$

4. $\int_1^3\mathrm{d}x\int_{x-1}^2\sin y^2\mathrm{d}y$

5. $I=\int_{\frac{1}{4}}^{\frac{1}{2}}\mathrm{d}y\int_{\frac{1}{2}}^{\sqrt{y}}\mathrm{e}^{\frac{x}{y}}\mathrm{d}x+\int_{\frac{1}{2}}^1\mathrm{d}y\int_y^{\sqrt{y}}\mathrm{e}^{\frac{x}{y}}\mathrm{d}x$

6. 设区域 $D = \{(x,y) \mid x^2 + y^2 \leqslant 1, x \geqslant 0\}$,计算二重积分 $I = \iint_D \dfrac{1+xy}{1+x^2+y^2} dxdy$.

7. $\iint_D (x^2 + y^2 + x) dxdy$,其中区域 $D: 1 \leqslant x^2 + y^2 \leqslant 2^2$ 是圆环形区域.

8. 计算 $\iint_D (x+y) d\sigma$,其中 D 为 $y = x^2, y = 4x^2$ 及 $y = 1$ 所围成的区域.

四、计算下列三重积分

1. 计算 $\iiint_\Omega (x+y+z)^2 dv$,其中 Ω 是由锥面 $Z = \sqrt{x^2 + y^2}$ 和球面 $x^2 + y^2 + z^2 = 4$ 所围成的立体.

2. $I = \iiint_\Omega (x^2 + y^2) dxdydz$,其中 Ω 是由锥面 $x^2 + y^2 = z^2$ 与平面 $z = a (a > 0)$ 所围成的立体.

3. 设 Ω 是由 $x^2+y^2 \leqslant a^2$ 与 $x^2+z^2 \leqslant a^2 (a>0)$ 所围成的立体,试计算 $\iiint\limits_{\Omega}(x^2+y+z)\mathrm{d}v$.

4. 求 $I=\iiint\limits_{\Omega}z\mathrm{d}x\mathrm{d}y\mathrm{d}z$,其中 Ω 是上半球体:$x^2+y^2+z^2 \leqslant 1, z \geqslant 0$.

5. 计算 $I=\iiint\limits_{\Omega}z^2\mathrm{d}x\mathrm{d}y\mathrm{d}z$,其中 Ω 是两个球体 $x^2+y^2+z^2 \leqslant 4$ 及 $x^2+y^2+z^2 \leqslant 4z$ 的公共部分.

五、求锥面 $z=\sqrt{x^2+y^2}$ 被柱面 $z^2=2x$ 所割下部分的曲面的面积.

六、求上半球面 $z=\sqrt{a^2-x^2-y^2}$ 含在柱面 $x^2+y^2=ax$ 内部的那部分的面积.

七、设 $F(t) = \iiint\limits_{x^2+y^2+z^2 \leqslant t^2} f(x^2+y^2+z^2)\mathrm{d}v$,$f(u)$ 为连续函数,且 $f'(0)=5, f(0)=0$. 求 $\lim\limits_{t \to 0^+} \dfrac{F(t)}{t^5} (t>0)$.

同步测试 9

一、填空题

1. 交换累次积分的次序:$\int_0^1 \mathrm{d}x \int_{x^2}^x f(x,y)\mathrm{d}y = $ _____.

2. 设 $D: x^2+y^2 \leqslant 4, x \geqslant 0, y \geqslant 0$,则 $\iint\limits_D \sqrt{4-x^2-y^2}\mathrm{d}x\mathrm{d}y = $ _____.

3. 设 $D: 0 \leqslant x \leqslant 1, -1 \leqslant y \leqslant 1$,则积分 $\iint\limits_D x^2 y \mathrm{d}\sigma = $ _____.

4. 设 D 是区域 $\{(x,y) \mid x^2+y^2 \leqslant a^2\}$,又有 $\iint\limits_D (x^2+y^2)\mathrm{d}x\mathrm{d}y = 8\pi$,则 $a = $ _____.

5. $\Omega = \{(x,y,z) \mid x^2+y^2+z^2 \leqslant 1\}$,则 $\iiint\limits_\Omega \dfrac{z\ln(x^2+y^2+z^2+1)}{x^2+y^2+z^2+1}\mathrm{d}x\mathrm{d}y\mathrm{d}z = $ _____.

二、选择题

1. 下列不等式正确的是 ( )

 A. $\iint\limits_{\substack{|x| \leqslant 1 \\ |y| \leqslant 1}} (x-1)\mathrm{d}\sigma \geqslant 0$
 B. $\iint\limits_{x^2+y^2 \leqslant 1} (-x^2-y^2)\mathrm{d}\sigma \geqslant 0$

 C. $\iint\limits_{\substack{|x| \leqslant 1 \\ |y| \leqslant 1}} (y-1)\mathrm{d}\sigma \geqslant 0$
 D. $\iint\limits_{\substack{|x| \leqslant 1 \\ |y| \leqslant 1}} (x+1)\mathrm{d}\sigma \geqslant 0$

2. 设区域 D 是圆环域 $a^2 \leqslant x^2+y^2 \leqslant b^2$,则 $\iint\limits_D (x^2+y^2)\mathrm{d}\sigma = $ ( )

 A. $\dfrac{\pi}{2}b^4$
 B. $\dfrac{\pi}{2}(b^4-a^4)$

C. $\dfrac{2\pi}{3}(b^3-a^3)$ D. $\dfrac{2\pi}{3}b^3$

3. 设积分区域 Ω 由半径为 R 的球面围成,则三重积分 $\iiint\limits_{\Omega}f(x^2+y^2+z^2)\mathrm{d}v=$
( )

A. $\int_0^{2\pi}\mathrm{d}\theta\int_0^{\pi}\mathrm{d}\varphi\int_0^R f(r^2)\mathrm{d}r$ B. $\int_0^{2\pi}\mathrm{d}\theta\int_0^{\pi}\sin\varphi\mathrm{d}\varphi\int_0^R R^2 f(R^2)\mathrm{d}r$

C. $\int_0^{2\pi}\mathrm{d}\theta\int_0^{\pi}\sin\varphi\mathrm{d}\varphi\int_0^R r^2 f(r^2)\mathrm{d}r$ D. $\int_0^{2\pi}\mathrm{d}\theta\int_0^{\pi}\sin\varphi\mathrm{d}\varphi\int_0^1 f(r^2)\mathrm{d}r$

4. 设有空间区域 $\Omega_1=\{(x,y,z)\mid x^2+y^2+z^2\leqslant R^2,z\geqslant 0\}$, $\Omega_2=\{(x,y,z)\mid x^2+y^2+z^2\leqslant R^2,x\geqslant 0,y\geqslant 0,z\geqslant 0\}$,则有
( )

A. $\iiint\limits_{\Omega_1}x\mathrm{d}v=4\iiint\limits_{\Omega_2}x\mathrm{d}v$ B. $\iiint\limits_{\Omega_1}y\mathrm{d}v=4\iiint\limits_{\Omega_2}y\mathrm{d}v$

C. $\iiint\limits_{\Omega_1}z\mathrm{d}v=4\iiint\limits_{\Omega_2}z\mathrm{d}v$ D. $\iiint\limits_{\Omega_1}xyz\mathrm{d}v=4\iiint\limits_{\Omega_2}xyz\mathrm{d}v$

5. 球面 $x^2+y^2+z^2=4a^2$ 与柱面 $x^2+y^2=2ax,(a>0)$ 所围成立体的体积为
( )

A. $4\int_0^{\frac{\pi}{2}}\mathrm{d}\theta\int_0^{2a\cos\theta}\sqrt{4a^2-r^2}\,\mathrm{d}r$ B. $8\int_0^{\frac{\pi}{2}}\mathrm{d}\theta\int_0^{2a\cos\theta}r\sqrt{4a^2-r^2}\,\mathrm{d}r$

C. $4\int_0^{\frac{\pi}{2}}\mathrm{d}\theta\int_0^{2a\cos\theta}r\sqrt{4a^2-r^2}\,\mathrm{d}r$ D. $8\int_{-\frac{\pi}{2}}^{\frac{\pi}{2}}\mathrm{d}\theta\int_0^{2a\cos\theta}r\sqrt{4a^2-r^2}\,\mathrm{d}r$

三、计算下列各题

1. 求 $\iint\limits_{D}xy\mathrm{d}x\mathrm{d}y$,其中 D 是由直线 $y=x-2$ 及抛物线 $y^2=x$ 围成的闭区域.

2. 求 $\int_0^2\mathrm{d}x\int_x^2 e^{-y^2}\mathrm{d}y$.

四、计算下列各题

1. 计算 $\iiint_{\Omega} \sqrt{x^2+y^2+z^2}\, dv$，其中 Ω 是由球面 $x^2+y^2+z^2=z$ 所围成的闭区域.

2. 求由圆锥面 $z=\sqrt{x^2+y^2}$ 和抛物面 $z=x^2+y^2$ 所围成立体的体积.

五、计算二重积分 $\iint_{D} |y-x|\, dxdy$，其中 $D: 0 \leqslant x \leqslant 1, 0 \leqslant y \leqslant 1$.

六、计算 $I=\iiint_{\Omega} z^2\, dxdydz$，其中 Ω 是由 $z=\sqrt{2-x^2-y^2}$ 与 $z=\sqrt{x^2+y^2}$ 所围成.

10 曲线积分与曲面积分

10.1 内容提要与归纳

10.1.1 曲线积分的概念、性质与计算

1) 对弧长的曲线积分(第一类曲线积分)的概念、性质与计算

(1) 对弧长的曲线积分的定义

设 L 为 xOy 面内的一条光滑曲线弧段,函数 $f(x,y)$ 在 L 上连续.把 L 分为 n 个小弧段,记第 i 个小弧段为 $\Delta s_i(i=1,2,\cdots,n)$($\Delta s_i$ 也表示该小弧段的长度),任取一点 $(\xi_i,\eta_i)\in\Delta s_i$,记各小弧段的长度的最大值为 λ,若极限 $\lim\limits_{\lambda\to 0}\sum\limits_{i=1}^{n}f(\xi_i,\eta_i)\Delta s_i$ 存在,则称此极限为函数 $f(x,y)$ 在曲线弧 L 上对弧长的曲线积分(亦称为第一类曲线积分),记作 $\int_L f(x,y)\mathrm{d}s$,即

$$\int_L f(x,y)\mathrm{d}s = \lim_{\lambda\to 0}\sum_{i=1}^{n}f(\xi_i,\eta_i)\Delta s_i$$

若 Γ 为空间曲线时,类似有

$$\int_\Gamma f(x,y,z)\mathrm{d}s = \lim_{\lambda\to 0}\sum_{i=1}^{n}f(\xi_i,\eta_i,\zeta_i)\Delta s_i$$

(2) 对弧长的曲线积分的物理意义

设曲线 L 的线密度为 $\mu(x,y)$,则其质量为 $M=\int_L \mu(x,y)\mathrm{d}s$.

(3) 对弧长的曲线积分的性质

设 $\int_L f(x,y)\mathrm{d}s$ 与 $\int_L g(x,y)\mathrm{d}s$ 都存在,则有

性质 1 当 $f(x,y)\equiv 1$ 时,$\int_L f(x,y)\mathrm{d}s = \int_L \mathrm{d}s = S_L$ (S_L 为曲线 L 的弧长).

性质 2 $\int_L [k_1 f(x,y)\pm k_2 g(x,y)]\mathrm{d}s = k_1\int_L f(x,y)\mathrm{d}s \pm k_2\int_L g(x,y)\mathrm{d}s.$

性质 3 设 $L=L_1+L_2$,则 $\int_L f(x,y)\mathrm{d}s = \int_{L_1} f(x,y)\mathrm{d}s + \int_{L_2} f(x,y)\mathrm{d}s.$

性质 4 设在 L 上 $f(x,y) \leqslant g(x,y)$，则 $\int_L f(x,y)\mathrm{d}s \leqslant \int_L g(x,y)\mathrm{d}s$.

推论 $\left|\int_L f(x,y)\mathrm{d}s\right| \leqslant \int_L |f(x,y)|\mathrm{d}s$.

(4) 对弧长的曲线积分的计算方法：化为其投影区间上的定积分

设 $f(x,y)$ 或 $f(x,y,z)$ 在分段光滑的弧段 L 或 Γ 上连续，则

① 设平面曲线 $L: \begin{cases} x = \varphi(t) \\ y = \psi(t) \end{cases} (\alpha \leqslant t \leqslant \beta)$，$\varphi(t), \psi(t)$ 在 $[\alpha,\beta]$ 上具有一阶连续导数，且 $\varphi'^2(t) + \psi'^2(t) \neq 0$，则

$$\int_L f(x,y)\mathrm{d}s = \int_\alpha^\beta f[\varphi(t),\psi(t)]\sqrt{\varphi'^2(t) + \psi'^2(t)}\,\mathrm{d}t$$

② 设平面曲线 $L: y = \varphi(x)(a \leqslant x \leqslant b)$，$\varphi(x)$ 在 $[a,b]$ 上具有一阶连续导数，则

$$\int_L f(x,y)\mathrm{d}s = \int_a^b f[x,\varphi(x)]\sqrt{1+[\varphi'(x)]^2}\,\mathrm{d}x$$

③ 设平面曲线 $L: x = \psi(y)(c \leqslant y \leqslant d)$，$\psi(y)$ 在 $[c,d]$ 上具有一阶连续导数，则

$$\int_L f(x,y)\mathrm{d}s = \int_c^d f[\psi(y),y]\sqrt{1+[\psi'(y)]^2}\,\mathrm{d}y$$

④ 设平面曲线 $L: \rho = \rho(\theta)(\alpha \leqslant \theta \leqslant \beta)$，$\rho(\theta)$ 在 $[\alpha,\beta]$ 上具有一阶连续导数，则

$$\int_L f(x,y)\mathrm{d}s = \int_\alpha^\beta f[\rho\cos\theta,\rho\sin\theta]\sqrt{\rho^2+[\rho'(\theta)]^2}\,\mathrm{d}\theta$$

⑤ 设空间曲线 $\Gamma: \begin{cases} x = \varphi(t) \\ y = \psi(t) \\ z = \omega(t) \end{cases} (\alpha \leqslant t \leqslant \beta)$，$\varphi'(t), \psi'(t), \omega'(t)$ 在区间 $[\alpha,\beta]$ 上连续，且 $\varphi'^2(t) + \psi'^2(t) + \omega'^2(t) \neq 0$，则

$$\int_\Gamma f(x,y,z)\mathrm{d}s = \int_\alpha^\beta f[\varphi(t),\psi(t),\omega(t)]\sqrt{[\varphi'(t)]^2+[\psi'(t)]^2+[\omega'(t)]^2}\,\mathrm{d}t$$

2) 对坐标的曲线积分（第二类曲线积分）的概念、性质与计算

(1) 对坐标的曲线积分的定义

设 L 为 xOy 面上从点 A 到点 B 的一条有向光滑曲线弧，函数 $P(x,y), Q(x,y)$ 在 L 上有界. 将 L 沿它的方向任意分成 n 个有向小弧段，记作

$$\widehat{M_{i-1}M_i} \quad (i = 1,2,\cdots,n; M_0 = A, M_n = B)$$

设 $\widehat{M_{i-1}M_i}$ 在 x 轴、y 轴上的投影分别为 $\Delta x_i, \Delta y_i$，$\forall (\xi_i, \eta_i) \in \widehat{M_{i-1}M_i}$，当各小弧段长度的最大值 $\lambda \to 0$ 时，极限 $\lim\limits_{\lambda \to 0} \sum\limits_{i=1}^n P(\xi_i, \eta_i)\Delta x_i$ 总存在，则称此极限为函数 $P(x,y)$

在有向曲线弧 L 上对坐标 x 的曲线积分,记作 $\int_L P(x,y)\mathrm{d}x$. 类似地,若极限 $\lim\limits_{\lambda \to 0} \sum\limits_{i=1}^{n} Q(\xi_i,\eta_i)\Delta y_i$ 总存在,则称此极限为函数 $Q(x,y)$ 在有向曲线弧 L 上对坐标 y 的曲线积分,记作 $\int_L Q(x,y)\mathrm{d}y$(这两种积分亦称为第二类曲线积分),即

$$\lim_{\lambda \to 0} \sum_{i=1}^{n} P(\xi_i,\eta_i)\Delta x_i = \int_L P(x,y)\mathrm{d}x$$

$$\lim_{\lambda \to 0} \sum_{i=1}^{n} Q(\xi_i,\eta_i)\Delta y_i = \int_L Q(x,y)\mathrm{d}y$$

函数 $P(x,y), Q(x,y)$ 沿曲线 L 从点 A 到点 B 对坐标的曲线积分合并起来的形式为

$$\int_L P(x,y)\mathrm{d}x + Q(x,y)\mathrm{d}y$$

若 Γ 为空间有向曲线,类似地,定义有

$$\int_\Gamma P(x,y,z)\mathrm{d}x + Q(x,y,z)\mathrm{d}y + R(x,y,z)\mathrm{d}z$$

$$= \lim_{\lambda \to 0} \sum_{i=1}^{n} \left[P(\xi_i,\eta_i,\zeta_i)\Delta x_i + Q(\xi_i,\eta_i,\zeta_i)\Delta y_i + R(\xi_i,\eta_i,\zeta_i)\Delta z_i \right]$$

(2) 对坐标的曲线积分的物理意义

① 变力 $\boldsymbol{F} = P(x,y)\boldsymbol{i} + Q(x,y)\boldsymbol{j}$ 沿有向曲线 L 所做的功为

$$W = \int_L P(x,y)\mathrm{d}x + Q(x,y)\mathrm{d}y$$

② 流场 $\{P(x,y,z), Q(x,y,z), R(x,y,z)\}$ 沿空间有向闭曲线 Γ 的环流量为

$$I = \int_\Gamma P(x,y,z)\mathrm{d}x + Q(x,y,z)\mathrm{d}y + R(x,y,z)\mathrm{d}z$$

(3) 对坐标的曲线积分的性质

性质 1 设 L 为有向曲线弧,L^- 是与 L 方向相反的有向曲线弧,则

$$\int_{L^-} P(x,y)\mathrm{d}x + Q(x,y)\mathrm{d}y = -\int_L P(x,y)\mathrm{d}x + Q(x,y)\mathrm{d}y$$

性质 2 如果 $L = L_1 + L_2$,则

$$\int_L P(x,y)\mathrm{d}x + Q(x,y)\mathrm{d}y = \int_{L_1} P(x,y)\mathrm{d}x + Q(x,y)\mathrm{d}y + \int_{L_2} P(x,y)\mathrm{d}x + Q(x,y)\mathrm{d}y$$

(4) 对坐标的曲线积分的计算方法:化为其投影区间上的定积分

① 设函数 $P(x,y), Q(x,y)$ 在有向曲线 $L: \begin{cases} x = \varphi(t) \\ y = \psi(t) \end{cases}$ 上连续,且 $t = \alpha$ 对应 L 的始点 A,$t = \beta$ 对应其终点 B,$\varphi'(t), \psi'(t)$ 在以 α, β 为端点的区间上连续,$\varphi'^2(t) +$

$\psi'^2(t) \neq 0$,则
$$\int_L P(x,y)\mathrm{d}x + Q(x,y)\mathrm{d}y = \int_\alpha^\beta [P(\varphi(t),\psi(t))\varphi'(t) + Q(\varphi(t),\psi(t))\psi'(t)]\mathrm{d}t$$

② 设函数 $P(x,y), Q(x,y)$ 在有向曲线 $L: y = \varphi(x)$ 上连续,且 $x = a$ 为始点 A 的横坐标,$x = b$ 为终点 B 的横坐标,$\varphi(x)$ 具有一阶连续导数,则
$$\int_L P(x,y)\mathrm{d}x + Q(x,y)\mathrm{d}y = \int_a^b [P(x,\varphi(x)) + Q(x,\varphi(x))\varphi'(x)]\mathrm{d}x$$

③ 若空间有向曲线 $\Gamma: \begin{cases} x = \varphi(t) \\ y = \psi(t), \\ z = \omega(t) \end{cases}$ $t = \alpha$ 对应 Γ 的始点 A,$t = \beta$ 对应其终点 B,则

$$\int_\Gamma P(x,y,z)\mathrm{d}x + Q(x,y,z)\mathrm{d}y + R(x,y,z)\mathrm{d}z$$
$$= \int_\alpha^\beta P[\varphi(t),\psi(t),\omega(t)]\varphi'(t)\mathrm{d}t + \int_\alpha^\beta Q[\varphi(t),\psi(t),\omega(t)]\psi'(t)\mathrm{d}t +$$
$$\int_\alpha^\beta R[\varphi(t),\psi(t),\omega(t)]\omega'(t)\mathrm{d}t$$

(5) 两类曲线积分之间的关系

空间曲线 Γ 上两类曲线积分有如下关系:

设 $\cos\alpha, \cos\beta, \cos\gamma$ 为空间有向曲线 Γ 上点 (x,y,z) 处与有向曲线弧的走向一致的切线向量的方向余弦,则

$$\int_\Gamma P(x,y,z)\mathrm{d}x + Q(x,y,z)\mathrm{d}y + R(x,y,z)\mathrm{d}z$$
$$= \int_\Gamma [P(x,y,z)\cos\alpha + Q(x,y,z)\cos\beta + R(x,y,z)\cos\gamma]\mathrm{d}s$$

3) 格林公式及其应用

(1) 格林公式

设闭区域 D 是由分段光滑的曲线 L 围成,函数 $P(x,y), Q(x,y)$ 在 D 上具有一阶连续偏导数,则有

$$\iint_D \left(\frac{\partial Q}{\partial x} - \frac{\partial P}{\partial y}\right)\mathrm{d}x\mathrm{d}y = \oint_L P\mathrm{d}x + Q\mathrm{d}y$$

其中 L 是 D 的取正向的边界曲线.

(2) 格林公式的应用

① 计算平面图形的面积:$A = \iint_D \mathrm{d}x\mathrm{d}y = \frac{1}{2}\oint_L x\mathrm{d}y - y\mathrm{d}x$,其中 A 为由曲线 L 围成的区域 D 的面积.

② 计算闭曲线上的第二类曲线积分：当 $\frac{\partial Q}{\partial x},\frac{\partial P}{\partial y}$ 在由闭曲线 L 围成的区域 D 上连续且 $\frac{\partial Q}{\partial x}-\frac{\partial P}{\partial y}$ 较简单时，利用格林公式计算闭曲线上的第二类曲线积分如下：

$$\oint_L P\mathrm{d}x + Q\mathrm{d}y = \iint_D \left(\frac{\partial Q}{\partial x}-\frac{\partial P}{\partial y}\right)\mathrm{d}x\mathrm{d}y$$

其中 L 取正向．

（3）平面上曲线积分与路径无关的条件

设函数 $P(x,y),Q(x,y)$ 在单连通域 G 内有一阶连续偏导数，则以下四个条件等价：

① $\int_L P\mathrm{d}x + Q\mathrm{d}y$ 与路径无关，即 $\int_L P\mathrm{d}x + Q\mathrm{d}y = \int_{L_1} P\mathrm{d}x + Q\mathrm{d}y$，其中 L、L_1 为 G 内具有相同始点和终点的两任意曲线．

② $\oint_L P\mathrm{d}x + Q\mathrm{d}y = 0$，其中 L 为 G 内的任意闭曲线．

③ 在 G 内存在某个函数 $u(x,y)$，使 $\mathrm{d}u = P\mathrm{d}x + Q\mathrm{d}y$．

④ $\frac{\partial P}{\partial y} = \frac{\partial Q}{\partial x}$ 在 G 内恒成立．

10.1.2 曲面积分的概念、性质与计算

1) 对面积的曲面积分（第一类曲面积分）的概念、性质与计算

（1）对面积的曲面积分的定义

设函数 $f(x,y,z)$ 在光滑的曲面 Σ 上有界，把 Σ 任意分成 n 块小曲面 $\Delta S_i(i=1,2,\cdots,n)$（也用 ΔS_i 表示小块曲面的面积），任取一点 $(\xi_i,\eta_i,\zeta_i)\in\Delta S_i$，如果当各小块曲面的直径的最大值 $\lambda\to 0$ 时，极限 $\lim\limits_{\lambda\to 0}\sum\limits_{i=1}^{n}f(\xi_i,\eta_i,\zeta_i)\Delta S_i$ 总存在，则称此极限为函数 $f(x,y,z)$ 在曲面 Σ 上对面积的曲面积分（也称为第一类曲面积分），记作 $\iint_{\Sigma} f(x,y,z)\mathrm{d}S$，即

$$\iint_{\Sigma} f(x,y,z)\mathrm{d}S = \lim_{\lambda\to 0}\sum_{i=1}^{n}f(\xi_i,\eta_i,\zeta_i)\Delta S_i$$

（2）对面积的曲面积分的物理意义

设曲面 Σ 的面密度为 $\mu=\mu(x,y,z)$，则其质量为

$$M = \iint_{\Sigma}\mu(x,y,z)\mathrm{d}S$$

（3）对面积的曲面积分的性质

若 $\iint_\Sigma f(x,y,z)\mathrm{d}S, \iint_\Sigma g(x,y,z)\mathrm{d}S$ 存在,第一类曲面积分有与第一类曲线积分类似的性质.

性质 1 $\iint_\Sigma \mathrm{d}S = A$,其中 A 为曲面 Σ 的面积.

性质 2 设 k_1, k_2 为常数,则
$$\iint_\Sigma [k_1 f(x,y,z) + k_2 g(x,y,z)]\mathrm{d}S = k_1 \iint_\Sigma f(x,y,z)\mathrm{d}S + k_2 \iint_\Sigma g(x,y,z)\mathrm{d}S$$

性质 3 若积分曲面 Σ 可分成两片光滑曲面 Σ_1 和 Σ_2,记作 $\Sigma = \Sigma_1 + \Sigma_2$,则
$$\iint_\Sigma f(x,y,z)\mathrm{d}S = \iint_{\Sigma_1} f(x,y,z)\mathrm{d}S + \iint_{\Sigma_2} f(x,y,z)\mathrm{d}S$$

性质 4 设在曲面 Σ 上 $f(x,y,z) \leqslant g(x,y,z)$,则
$$\iint_\Sigma f(x,y,z)\mathrm{d}S \leqslant \iint_\Sigma g(x,y,z)\mathrm{d}S$$

推论
$$\left|\iint_\Sigma f(x,y,z)\mathrm{d}S\right| \leqslant \iint_\Sigma |f(x,y,z)|\mathrm{d}S$$

(4) 对面积的曲面积分的计算方法:化为其投影面上的二重积分

设 $f(x,y,z)$ 在光滑的曲面 Σ 上连续,则

① 若 Σ 的方程为 $z = f(x,y)$,其在坐标面 xOy 上的投影区域为 D_{xy},则
$$\iint_\Sigma f(x,y,z)\mathrm{d}S = \iint_{D_{xy}} f[x,y,z(x,y)] \cdot \sqrt{1+z_x^2+z_y^2}\,\mathrm{d}x\mathrm{d}y$$

② 若 Σ 的方程为 $y = g(x,z)$,其在坐标面 xOz 上的投影区域为 D_{xz},则
$$\iint_\Sigma f(x,y,z)\mathrm{d}S = \iint_{D_{xz}} f[x,y(x,z),z] \cdot \sqrt{1+y_x^2+y_z^2}\,\mathrm{d}x\mathrm{d}z$$

③ 若 Σ 的方程为 $x = h(y,z)$,其在坐标面 yOz 上的投影区域为 D_{yz},则
$$\iint_\Sigma f(x,y,z)\mathrm{d}S = \iint_{D_{yz}} f[x(y,z),y,z] \cdot \sqrt{1+x_y^2+x_z^2}\,\mathrm{d}y\mathrm{d}z$$

2) 对坐标的曲面积分(第二类曲面积分)的概念、性质与计算

(1) 对坐标的曲面积分的定义

设 Σ 为光滑的有向曲面,函数 $R(x,y,z)$ 在 Σ 上有界. 把 Σ 任意分成 n 块小曲面 $\Delta S_i (i=1,2,\cdots,n)$,$\Delta S_i$ 同时也表示第 i 块曲面的面积. 设 ΔS_i 在 xOy 面上的投影为 $(\Delta S_i)_{xy}$,任取一点 $(\xi_i, \eta_i, \zeta_i) \in \Delta S_i$,设 ΔS_i 的直径为 $\lambda_i (i=1,2,\cdots,n)$,令 $\lambda = \max\{\lambda_1, \lambda_2, \cdots, \lambda_n\}$,若极限
$$\lim_{\lambda \to 0} \sum_{i=1}^n R(\xi_i, \eta_i, \zeta_i)(\Delta S_i)_{xy}$$

总存在,则称此极限为函数 $R(x,y,z)$ 在有向曲面 Σ 上对坐标 x,y 的曲面积分(亦称第二类曲面积分),记作 $\iint\limits_{\Sigma} R(x,y,z)\mathrm{d}x\mathrm{d}y$,即

$$\iint\limits_{\Sigma} R(x,y,z)\mathrm{d}x\mathrm{d}y = \lim_{\lambda \to 0} \sum_{i=1}^{n} R(\xi_i, \eta_i, \zeta_i)(\Delta S_i)_{xy}$$

类似地,可分别定义 $P(x,y,z)$ 在 Σ 上对坐标 y,z 的曲面积分及 $Q(x,y,z)$ 在 Σ 上对坐标 z,x 的曲面积分为

$$\iint\limits_{\Sigma} P(x,y,z)\mathrm{d}y\mathrm{d}z = \lim_{\lambda \to 0} \sum_{i=1}^{n} P(\xi_i, \eta_i, \zeta_i)(\Delta S_i)_{yz}$$

$$\iint\limits_{\Sigma} Q(x,y,z)\mathrm{d}z\mathrm{d}x = \lim_{\lambda \to 0} \sum_{i=1}^{n} Q(\xi_i, \eta_i, \zeta_i)(\Delta S_i)_{zx}$$

函数 $P(x,y,z)$,$Q(x,y,z)$ 及 $R(x,y,z)$ 在有向曲面 Σ 上对坐标的曲面积分合并起来的形式为

$$\iint\limits_{\Sigma} P\mathrm{d}y\mathrm{d}z + Q\mathrm{d}z\mathrm{d}x + R\mathrm{d}x\mathrm{d}y$$

(2) 对坐标的曲面积分的物理意义

设流体在点 (x,y,z) 处的流速是 $\boldsymbol{v} = P(x,y,z)\boldsymbol{i} + Q(x,y,z)\boldsymbol{j} + R(x,y,z)\boldsymbol{k}$,则单位时间内流过曲面 Σ 指定侧的流量 $\Phi = \iint\limits_{\Sigma} P\mathrm{d}y\mathrm{d}z + Q\mathrm{d}z\mathrm{d}x + R\mathrm{d}x\mathrm{d}y$.

(3) 对坐标的曲面积分的性质

设 $P(x,y,z),Q(x,y,z),R(x,y,z)$ 在有向光滑或分片光滑的曲面 Σ 上连续,则对坐标的曲面积分具有与对坐标的曲线积分类似的一些性质.

性质 1 设 Σ^- 表示与 Σ 取相反侧的有向曲面,则

$$\iint\limits_{\Sigma^-} P\mathrm{d}y\mathrm{d}z + Q\mathrm{d}z\mathrm{d}x + R\mathrm{d}x\mathrm{d}y = -\iint\limits_{\Sigma} P\mathrm{d}y\mathrm{d}z + Q\mathrm{d}z\mathrm{d}x + R\mathrm{d}x\mathrm{d}y$$

性质 2 设曲面 $\Sigma = \Sigma_1 + \Sigma_2$,则

$$\iint\limits_{\Sigma} P\mathrm{d}y\mathrm{d}z + Q\mathrm{d}z\mathrm{d}x + R\mathrm{d}x\mathrm{d}y$$
$$= \iint\limits_{\Sigma_1} P\mathrm{d}y\mathrm{d}z + Q\mathrm{d}z\mathrm{d}x + R\mathrm{d}x\mathrm{d}y + \iint\limits_{\Sigma_2} P\mathrm{d}y\mathrm{d}z + Q\mathrm{d}z\mathrm{d}x + R\mathrm{d}x\mathrm{d}y$$

(4) 对坐标的曲面积分的计算方法:化为三个相应坐标面上的投影区域上的二重积分

① 设有向曲面 Σ 的方程是 $z = z(x,y)$,Σ 在坐标面 xOy 上的投影区域为 D_{xy},则

$$\iint_\Sigma R(x,y,z)\mathrm{d}x\mathrm{d}y = \pm \iint_{D_{xy}} R[x,y,z(x,y)]\mathrm{d}x\mathrm{d}y$$

其中等式右端正负号的取法为:当 Σ 的法向量指向上侧时取正,指向下侧时取负.

② 设有向曲面 Σ 的方程是 $y = y(x,z)$,Σ 在坐标面 xOz 上的投影区域为 D_{xz},则

$$\iint_\Sigma Q(x,y,z)\mathrm{d}z\mathrm{d}x = \pm \iint_{D_{xz}} Q[x,y(x,z),z]\mathrm{d}z\mathrm{d}x$$

其中等式右端正负号的取法为:当 Σ 的法向量指向右侧时取正,指向左侧时取负.

③ 设有向曲面 Σ 的方程是 $x = x(y,z)$,Σ 在坐标面 yOz 上的投影区域为 D_{yz},则

$$\iint_\Sigma P(x,y,z)\mathrm{d}y\mathrm{d}z = \pm \iint_{D_{yz}} P[x(y,z),y,z]\mathrm{d}y\mathrm{d}z$$

其中等式右端正负号的取法为:当 Σ 的法向量指向前侧时取正,指向后侧时取负.

(5) 两类曲面积分之间的关系

设 $\cos\alpha, \cos\beta, \cos\gamma$ 是有向曲面 Σ 上点 (x,y,z) 处的法向量的方向余弦,则空间曲面 Σ 上的两类曲面积分有如下关系:

$$\iint_\Sigma P\mathrm{d}y\mathrm{d}z + Q\mathrm{d}z\mathrm{d}x + R\mathrm{d}x\mathrm{d}y = \iint_\Sigma (P\cos\alpha + Q\cos\beta + R\cos\gamma)\mathrm{d}S$$

3) 高斯公式

(1) 高斯公式

设空间闭区域 Ω 是由分片光滑的闭曲面 Σ 所围成,函数 $P(x,y,z), Q(x,y,z), R(x,y,z)$ 在 Ω 上具有一阶连续偏导数,则有

$$\iiint_\Omega \left(\frac{\partial P}{\partial x} + \frac{\partial Q}{\partial y} + \frac{\partial R}{\partial z}\right)\mathrm{d}v = \oiint_\Sigma P\mathrm{d}y\mathrm{d}z + Q\mathrm{d}z\mathrm{d}x + R\mathrm{d}x\mathrm{d}y$$

或

$$\iiint_\Omega \left(\frac{\partial P}{\partial x} + \frac{\partial Q}{\partial y} + \frac{\partial R}{\partial z}\right)\mathrm{d}v = \oiint_\Sigma (P\cos\alpha + Q\cos\beta + R\cos\gamma)\mathrm{d}S$$

其中闭曲面 Σ 的法向量指向 Σ 的外侧,$\cos\alpha, \cos\beta, \cos\gamma$ 是有向曲面 Σ 上点 (x,y,z) 处的法向量的方向余弦.

(2) 通量和散度

设向量场 $\boldsymbol{A}(x,y,z) = P(x,y,z)\boldsymbol{i} + Q(x,y,z)\boldsymbol{j} + R(x,y,z)\boldsymbol{k}$,其中函数 P, Q, R 有一阶连续偏导数,则称沿场中有向曲面 Σ 某一侧的曲面积分

$$\Phi = \iint_\Sigma P\mathrm{d}y\mathrm{d}z + Q\mathrm{d}z\mathrm{d}x + R\mathrm{d}x\mathrm{d}y$$

为 $\boldsymbol{A}$ 穿过曲面 Σ 该侧的通量.

称 $\dfrac{\partial P}{\partial x} + \dfrac{\partial Q}{\partial y} + \dfrac{\partial R}{\partial z}$ 为向量场 $\boldsymbol{A}$ 的散度,记作 $\mathrm{div}\boldsymbol{A}$,即

$$\text{div}\mathbf{A} = \frac{\partial P}{\partial x} + \frac{\partial Q}{\partial y} + \frac{\partial R}{\partial z}$$

4) 斯托克斯公式

（1）斯托克斯公式

设 Γ 为分段光滑的空间有向闭曲线，Σ 是以 Γ 为边界的分片光滑的有向曲面，Γ 的正向与 Σ 的法向量的指向符合右手规则，函数 $P(x,y,z), Q(x,y,z), R(x,y,z)$ 在包含曲面 Σ 在内的空间区域内具有一阶连续偏导数，则有

$$\oint_\Gamma P\mathrm{d}x + Q\mathrm{d}y + R\mathrm{d}z = \iint_\Sigma \begin{vmatrix} \mathrm{d}y\mathrm{d}z & \mathrm{d}z\mathrm{d}x & \mathrm{d}x\mathrm{d}y \\ \frac{\partial}{\partial x} & \frac{\partial}{\partial y} & \frac{\partial}{\partial z} \\ P & Q & R \end{vmatrix}$$

或

$$\oint_\Gamma P\mathrm{d}x + Q\mathrm{d}y + R\mathrm{d}z = \iint_\Sigma \begin{vmatrix} \cos\alpha & \cos\beta & \cos\gamma \\ \frac{\partial}{\partial x} & \frac{\partial}{\partial y} & \frac{\partial}{\partial z} \\ P & Q & R \end{vmatrix} \mathrm{d}s$$

其中 $\mathbf{n} = (\cos\alpha, \cos\beta, \cos\gamma)$ 为有向曲面 Σ 的单位法向量.

（2）环流量和旋度

① 环流量：设向量场 $\mathbf{A}(x,y,z) = P(x,y,z)\mathbf{i} + Q(x,y,z)\mathbf{j} + R(x,y,z)\mathbf{k}$，其中 P, Q, R 有一阶连续偏导数，则称沿场中有向闭曲线 Γ 的曲线积分

$$\oint_\Gamma P\mathrm{d}x + Q\mathrm{d}y + R\mathrm{d}z$$

为向量场 $\mathbf{A}$ 沿有向闭曲线 Γ 的环流量.

② 旋度：称向量 $\left(\frac{\partial R}{\partial y} - \frac{\partial Q}{\partial z}\right)\mathbf{i} + \left(\frac{\partial P}{\partial z} - \frac{\partial R}{\partial x}\right)\mathbf{j} + \left(\frac{\partial Q}{\partial x} - \frac{\partial P}{\partial y}\right)\mathbf{k}$ 为向量场 $\mathbf{A}$ 的旋度，记作 $\text{rot}\mathbf{A}$，即

$$\text{rot}\mathbf{A} = \left(\frac{\partial R}{\partial y} - \frac{\partial Q}{\partial z}\right)\mathbf{i} + \left(\frac{\partial P}{\partial z} - \frac{\partial R}{\partial x}\right)\mathbf{j} + \left(\frac{\partial Q}{\partial x} - \frac{\partial P}{\partial y}\right)\mathbf{k} = \begin{vmatrix} \mathbf{i} & \mathbf{j} & \mathbf{k} \\ \frac{\partial}{\partial x} & \frac{\partial}{\partial y} & \frac{\partial}{\partial z} \\ P & Q & R \end{vmatrix}$$

10.2 典型例题分析

例 1 计算 $\oint_L (x^2+y^2)^3 \mathrm{d}s$，其中 L 为圆周 $\begin{cases} x = a\cos t \\ y = a\sin t \end{cases} (a > 0, 0 \leqslant t \leqslant 2\pi)$.

解 解法一：$ds = \sqrt{(-a\sin t)^2 + (a\cos t)^2}\,dt = a\,dt$，则

$$\oint_L (x^2+y^2)^3 ds = \int_0^{2\pi}(a^2\cos^2 t + a^2\sin^2 t)^3 a\,dt = \int_0^{2\pi} a^7 dt = 2\pi a^7$$

解法二：由 L 的参数方程可知，L 为圆周 $x^2+y^2=a^2$，将 L 的方程 $x^2+y^2=a^2$ 代入曲线积分的被积函数得

$$\oint_L (x^2+y^2)^3 ds = \oint_L (a^2)^3 ds = a^6 \oint_L ds = a^6 \cdot 2\pi a = 2\pi a^7$$

例 2 计算 $\int_L (x+y)ds$，其中 L 为连接 $(1,0)$ 及 $(0,1)$ 两点的直线段.

解 解法一：L 的方程可表示为 $y=1-x\ (0\leqslant x\leqslant 1)$，则 $ds = \sqrt{1+(-1)^2}\,dx = \sqrt{2}\,dx$. 故

$$\int_L (x+y)ds = \int_0^1 \sqrt{2}\,dx = \sqrt{2}$$

解法二：L 的方程也可表示为 $x+y=1\ (0\leqslant x\leqslant 1)$，故

$$\int_L (x+y)ds = \int_L ds = \sqrt{2}$$

小结：(1) 对应不同的曲线方程形式应选用相应的弧微分公式.

(2) 对弧长的曲线积分化为定积分计算时应保持积分上限大于积分下限.

(3) 计算曲线积分时其被积函数需用曲线方程代入.

(4) $\oint_L ds = S_L$（S_L 表示 L 的长度）.

例 3 设 L 为以 $A(1,0), B(0,1), C(-1,0), D(0,-1)$ 为顶点的正方形边界，并沿逆时针方向，计算 $\oint_L \dfrac{dx+dy}{|x|+|y|}$.

解 L 由有向线段 $\overline{AB}, \overline{BC}, \overline{CD}$ 与 $\overline{DA}$ 所组成（如图 10-1 所示），故 $L:|x|+|y|=1$.

所以

$$\oint_L \frac{dx+dy}{|x|+|y|} = \oint_L dx+dy = \iint_{D_L} 0\,dxdy = 0$$

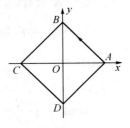

图 10-1

小结：(1) 常先将曲线的方程代入被积函数化简曲线积分.

(2) 对化简后的闭曲线积分再利用格林公式计算.

例 4 求 $\int_L (e^x \sin y - y)dx + (e^x \cos y - 1)dy$,其中 L 为沿上半圆周 $y = \sqrt{2ax - x^2}$ 由点 $A(2a, 0)$ 到点 $O(0, 0)$ 的弧.

解 设 $P = e^x \sin y - y, Q = e^x \cos y - 1$,则

$$\frac{\partial P}{\partial y} = e^x \cos y - 1, \frac{\partial Q}{\partial x} = e^x \cos y$$

添加有向直线段 $\overline{OA}: y = 0, x: 0 \to 2a$(如图 10-2 所示),$L + \overline{OA}$ 为闭曲线,由它们围成的闭区域 $D: (x - a)^2 + y^2 \leqslant a^2, y \geqslant 0$.

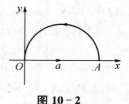

图 10-2

由格林公式,可得

$$\oint_{L + \overline{OA}} [e^x \sin y - y]dx + (e^x \cos y - 1)dy = \iint_D \left(\frac{\partial Q}{\partial x} - \frac{\partial P}{\partial y}\right)dxdy = \iint_D dxdy = \frac{1}{2}\pi a^2$$

又 $\int_{\overline{OA}} (e^x \sin y - y)dx + (e^x \cos y - 1)dy = \int_0^{2a} 0 dx = 0$,所以

$$I = \left(\oint_{L + \overline{OA}} - \int_{\overline{OA}}\right)(e^x \sin y - y)dx + (e^x \cos y - 1)dy = \frac{1}{2}\pi a^2$$

> **小结**:求开曲线的第二型曲线积分时一般都先添补适当的曲线,使之构成闭曲线,再利用格林公式计算积分;添补上的曲线上的曲线积分本身应易计算,一般多为平行于坐标轴的线段.

例 5 已知点 $O(0, 0)$ 及点 $A(1, 1)$,且曲线积分 $I = \int_{\overline{OA}} (ax \cos y - y^2 \sin x)dx + (by \cos x - x^2 \sin y)dy$ 与路径无关,试确定常数 a, b,并求 I.

解 令 $P = ax \cos y - y^2 \sin x, Q = by \cos x - x^2 \sin y$,则

$$\frac{\partial P}{\partial y} = -ax \sin y - 2y \sin x, \quad \frac{\partial Q}{\partial x} = -by \sin x - 2x \sin y$$

由题意 $\frac{\partial P}{\partial y} = \frac{\partial Q}{\partial x}$,得 $a = b = 2$. 故

$$I = \int_{(0,0)}^{(1,1)} Pdx + Qdy = \int_{(0,0)}^{(1,0)} Pdx + Qdy + \int_{(1,0)}^{(1,1)} Pdx + Qdy$$

$$= \int_0^1 P(x, 0)dx + \int_0^1 Q(1, y)dy = \int_0^1 2xdx + \int_0^1 (2y \cos 1 - \sin y)dy$$

$$= 1 + 2\cos 1 - 1 = 2\cos 1$$

> **小结**:当 $\frac{\partial P}{\partial y} = \frac{\partial Q}{\partial x}$ 处处成立时,曲线积分与路径无关,这时常重新选择简单路径(先平后竖的折线路径)计算曲线积分.

例 6 验证 $4\sin x\sin 3y\cos x\,dx - 3\cos 3y\cos 2x\,dy$ 在 xOy 面内是某个函数的全微分，并求出一个这样的函数.

解 设 $P = 4\sin x\sin 3y\cos x = 2\sin 2x\sin 3y$，$Q = -3\cos 3y\cos 2x$.

因为 P,Q 在 xOy 面内具有一阶连续偏导数，且有

$$\frac{\partial Q}{\partial x} = 6\cos 3y\sin 2x = \frac{\partial P}{\partial y}$$

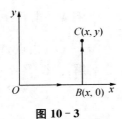

图 10-3

所以 $P(x,y)dx + Q(x,y)dy$ 是某个定义在整个 xOy 面内的函数 $u(x,y)$ 的全微分.

取积分路线为从 $O(0,0)$ 到 $B(x,0)$ 再到 $C(x,y)$ 的折线，如图 10-3 所示，则所求的一个二元函数为

$$u(x,y) = \int_{(0,0)}^{(x,y)} 4\sin x\sin 3y\cos x\,dx - 3\cos 3y\cos 2x\,dy$$

$$= \int_0^x 0\,dx + \int_0^y -3\cos 3y\cos 2x\,dy = -\cos 2x\sin 3y$$

例 7 计算 $\iint\limits_{\Sigma}(x^2 + 2x + y^2)dS$，其中 Σ 是锥面 $x^2 + y^2 = z^2$ 夹在两平面 $z = 0, z = 1$ 之间的部分.

解 Σ 的方程为 $z = \sqrt{x^2 + y^2}$，则

$$z'_x = \frac{x}{\sqrt{x^2+y^2}},\ z'_y = \frac{y}{\sqrt{x^2+y^2}}$$

$$dS = \sqrt{1 + z'^2_x + z'^2_y}\,dxdy = \sqrt{2}\,dxdy$$

Σ 在 xOy 面上的投影区域（如图 10-4 所示）$D_{xy} = \{(x,y)\mid x^2 + y^2 \leqslant 1\}$，则

$$\iint\limits_{\Sigma}(x^2+2x+y^2)dS = \iint\limits_{D_{xy}}(x^2+2x+y^2)\sqrt{2}\,dxdy$$

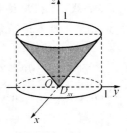

图 10-4

由对称性可知：$\iint\limits_{D_{xy}} x\,dxdy = 0$，故

$$\iint\limits_{\Sigma}(x^2+2x+y^2)dS = \iint\limits_{D_{xy}}(x^2+y^2)\sqrt{2}\,dxdy = \sqrt{2}\int_0^{2\pi}d\theta\int_0^1 \rho^3\,d\rho = \frac{\sqrt{2}}{2}\pi$$

> **小结：**(1) 将第一类曲面积分化为二重积分的步骤可概括为"一投二代三换元"，"投"指把曲面向坐标面投影，所得的投影域就是二重积分的积分域；"代"是指把曲面方程代入被积函数；"换元"指把曲面面积微元 dS 转换为平面面积微元 $dxdy$ 或 $dydz$ 或 $dzdx$.

（2）应根据曲面方程的具体情况，选择合适的投影坐标面，使得在该区域上的二重积分容易计算．

例 8 计算 $I = \iint\limits_{\Sigma} x\mathrm{d}y\mathrm{d}z + y\mathrm{d}z\mathrm{d}x + z\mathrm{d}x\mathrm{d}y$，其中 Σ 为球面 $(x-a)^2 + (y-b)^2 + (z-c)^2 = R^2$ 上半部分的上侧．

解 由于 Σ 不是闭曲面，不能直接用高斯公式，故补充圆面 $\Sigma_1: \begin{cases}(x-a)^2 + (y-b)^2 \leqslant R^2 \\ z = c\end{cases}$ 并取下侧（图 10-5 中阴影部分），故

$$I = \oiint\limits_{\Sigma + \Sigma_1} x\mathrm{d}y\mathrm{d}z + y\mathrm{d}z\mathrm{d}x + z\mathrm{d}x\mathrm{d}y$$
$$\quad - \iint\limits_{\Sigma_1} x\mathrm{d}y\mathrm{d}z + y\mathrm{d}z\mathrm{d}x + z\mathrm{d}x\mathrm{d}y$$
$$= 3\iiint\limits_{\Omega}\mathrm{d}V + \iint\limits_{D_{xy}} c\mathrm{d}x\mathrm{d}y$$
$$= 2\pi R^3 + c\pi R^2$$

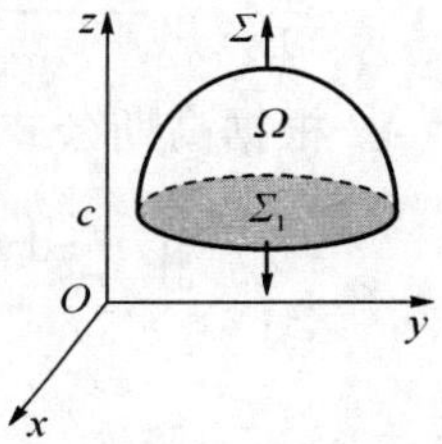

图 10-5

例 9 计算 $I = \iint\limits_{\Sigma}(x^2\cos\alpha + y^2\cos\beta + z^2\cos\gamma)\mathrm{d}S$，其中 Σ 为抛物面 $z = x^2 + y^2$ 与平面 $z = 1$ 所围立体 Ω 的全表面的外侧，其中 $\cos\alpha, \cos\beta, \cos\gamma$ 是 Σ 在点 (x, y, z) 处所指侧的法向量的方向余弦．

解 由两类曲面积分之间的关系可知

$$I = \iint\limits_{\Sigma} x^2\mathrm{d}y\mathrm{d}z + y^2\mathrm{d}z\mathrm{d}x + z^2\mathrm{d}x\mathrm{d}y$$

由高斯公式有

$$I = 2\iiint\limits_{\Omega}(x + y + z)\mathrm{d}v$$
$$= 2\int_0^{2\pi}\mathrm{d}\theta\int_0^1 \rho\mathrm{d}\rho\int_{\rho^2}^1 (\rho\cos\theta + \rho\sin\theta + z)\mathrm{d}z$$
$$= 2\int_0^{2\pi}\mathrm{d}\theta\int_0^1 \rho\mathrm{d}\rho\int_{\rho^2}^1 z\mathrm{d}z$$
$$= 2\pi\int_0^1 \rho(1-\rho^4)\mathrm{d}\rho = \frac{2\pi}{3}$$

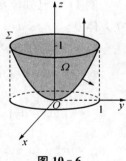

图 10-6

例 10 计算曲面积分 $I = \oiint\limits_{\Sigma} \dfrac{x}{r^3}\mathrm{d}y\mathrm{d}z + \dfrac{y}{r^3}\mathrm{d}z\mathrm{d}x + \dfrac{z}{r^3}\mathrm{d}x\mathrm{d}y$，其中 $r = $

$\sqrt{x^2+y^2+z^2}$，闭曲面 Σ 包含原点且分片光滑，取其外侧.

解 设 Ω 是由 Σ 所围成的空间区域，在 Ω 内以原点为中心，作球曲面 $\Sigma_1: x^2+y^2+z^2=a^2$ 并取其外侧. Σ 与 Σ_1 所围成的闭区域记为 Ω_1，P,Q,R 在 Ω_1 内具有一阶连续的偏导数，令 $P=\dfrac{x}{r^3}$，$Q=\dfrac{y}{r^3}$，$R=\dfrac{z}{r^3}$，则

$$\frac{\partial P}{\partial x}=\frac{r^3-x\cdot 3r^2\dfrac{x}{r}}{r^6}=\frac{r^2-3x^2}{r^5},\quad \frac{\partial Q}{\partial y}=\frac{r^2-3y^2}{r^5},\quad \frac{\partial R}{\partial z}=\frac{r^2-3z^2}{r^5}$$

根据高斯公式，得

$$\oiint_{\Sigma+\Sigma_1^-}\frac{x}{r^3}\mathrm{d}y\mathrm{d}z+\frac{y}{r^3}\mathrm{d}z\mathrm{d}x+\frac{z}{r^3}\mathrm{d}x\mathrm{d}y=\iiint_{\Omega}\left(\frac{\partial P}{\partial x}+\frac{\partial Q}{\partial y}+\frac{\partial R}{\partial z}\right)\mathrm{d}x\mathrm{d}y\mathrm{d}z$$

$$=\iiint_{\Omega}\frac{3r^2-3r^2}{r^5}\mathrm{d}x\mathrm{d}y\mathrm{d}z=0$$

于是

$$I=\oiint_{\Sigma}\frac{x}{r^3}\mathrm{d}y\mathrm{d}z+\frac{y}{r^3}\mathrm{d}z\mathrm{d}x+\frac{z}{r^3}\mathrm{d}x\mathrm{d}y=0-\oiint_{\Sigma_1^-}\frac{x}{r^3}\mathrm{d}y\mathrm{d}z+\frac{y}{r^3}\mathrm{d}z\mathrm{d}x+\frac{z}{r^3}\mathrm{d}x\mathrm{d}y$$

$$I=\frac{1}{a^3}\oiint_{\Sigma_1}x\mathrm{d}y\mathrm{d}z+y\mathrm{d}z\mathrm{d}x+z\mathrm{d}x\mathrm{d}y=\frac{3}{a^3}\iiint_{\Omega_1}\mathrm{d}v=\frac{3}{a^3}\cdot\frac{4}{3}\pi a^3=4\pi$$

小结：利用高斯公式计算曲面积分时，要注意验证是否满足高斯定理的条件.

例 11 已知流场 $\boldsymbol{v}(x,y,z)=(2x-z)\boldsymbol{i}+x^2y\boldsymbol{k}-xz^2\boldsymbol{k}$，试求单位时间内流过立方体 $0\leqslant x\leqslant a,0\leqslant y\leqslant a,0\leqslant z\leqslant a$ 的全表面的外侧的通量.

解 所求通量为

$$\Phi=\oiint_{\Sigma}(2x-z)\mathrm{d}y\mathrm{d}z+x^2y\mathrm{d}z\mathrm{d}x-xz^2\mathrm{d}x\mathrm{d}y=\iiint_{\Omega}(2+x^2-2xz)\mathrm{d}x\mathrm{d}y\mathrm{d}z$$

$$=\int_0^a\mathrm{d}x\int_0^a\mathrm{d}y\int_0^a(2+x^2-2xz)\mathrm{d}z=\int_0^a\mathrm{d}x\int_0^a(2a+ax^2-a^2x)\mathrm{d}y$$

$$=a\int_0^a(2a+ax^2-a^2x)\mathrm{d}x=a\left(2a^2+\frac{a^4}{3}-\frac{a^4}{2}\right)=a^3\left(2-\frac{a^2}{6}\right)$$

例 12 计算曲线积分 $\oint_{\Gamma}z^3\mathrm{d}x+x^3\mathrm{d}y+y^3\mathrm{d}z$，其中 Γ 为抛物面 $z=2(x^2+y^2)$ 与 $z=3-x^2-y^2$ 的交线，从 z 轴正向看去 Γ 为逆时针方向一周.

解 $\Gamma:\begin{cases}z=2(x^2+y^2)\\ z=3-x^2-y^2\end{cases}\Leftrightarrow\begin{cases}z=2\\ x^2+y^2=1\end{cases}.$

图 10-7 中，按斯托克斯公式，取交线 Γ 所围平面为 Σ：
$\begin{cases} z=2 \\ x^2+y^2 \leqslant 1 \end{cases}$，取上侧，它在 xOy 面上的投影为 $D_{xy}\begin{cases} x^2+y^2 \leqslant 1 \\ z=0 \end{cases}$，
则

$$\oint_\Gamma z^3 \mathrm{d}x + x^3 \mathrm{d}y + y^3 \mathrm{d}z = \iint_\Sigma \begin{vmatrix} \mathrm{d}y\mathrm{d}z & \mathrm{d}z\mathrm{d}x & \mathrm{d}x\mathrm{d}y \\ \frac{\partial}{\partial x} & \frac{\partial}{\partial y} & \frac{\partial}{\partial z} \\ z^3 & x^3 & y^3 \end{vmatrix}$$

$$= \iint_\Sigma 3y^2 \mathrm{d}y\mathrm{d}z + 3z^2 \mathrm{d}z\mathrm{d}x + 3x^2 \mathrm{d}x\mathrm{d}y$$

$$= \iint_\Sigma 3x^2 \mathrm{d}x\mathrm{d}y = 3\iint_{D_{xy}} x^2 \mathrm{d}x\mathrm{d}y$$

$$= \frac{3}{2} \iint_{D_{xy}} (x^2 + y^2) \mathrm{d}x\mathrm{d}y \text{（由图 10-7 投影区域中的对称性可知）}$$

$$= \frac{3}{2} \int_0^{2\pi} \mathrm{d}\theta \int_0^1 \rho^3 \mathrm{d}\rho = \frac{3}{4}\pi.$$

例 13 求矢量场 $A = x^2 i - 2xy j + z^2 k$ 在点 $M_0(1,1,2)$ 处的散度及旋度.

解 $\mathrm{div}A = \frac{\partial P}{\partial x} + \frac{\partial Q}{\partial y} + \frac{\partial R}{\partial z} = 2x + (-2x) + 2z = 2z$，故 $\mathrm{div}A \big|_{M_0} = 4$.

$$\mathrm{rot}A = \begin{vmatrix} i & j & k \\ \frac{\partial}{\partial x} & \frac{\partial}{\partial y} & \frac{\partial}{\partial z} \\ x^2 & -2xy & z^2 \end{vmatrix} = (0-0)i + (0-0)j + (-2y-0)k = -2y k,$$

故 $\mathrm{rot}A \big|_{M_0} = -2k$.

基础练习 10

1. 设 Γ 为 $\begin{cases} x^2+y^2=1 \\ z=1 \end{cases}$，则 $\oint_\Gamma \frac{1}{x^2+y^2+z^2} \mathrm{d}s = $ _____.

2. 设 L 为取顺时针方向的圆周 $x^2+y^2=2$ 在第一象限中的部分，则曲线积分
$\int_L x\mathrm{d}y - 2y\mathrm{d}x = $ _____.

3. 已知 $(x+ay)\mathrm{d}x + y\mathrm{d}y$ 为某函数的全微分，则 $a = $ _____.

4. 若向量场 $A = 3x^2 y i + \mathrm{e}^y z j + 2x^3 z k$，则 $\mathrm{div}A \big|_{(1,0,2)} = $ _____.

5. 若向量场 $A = (y^2+z^2)i + (z^2+x^2)j + (x^2+y^2)k$，则 $\mathrm{rot}A = $ _____.

6. 计算 $\oint_L (3x^2 + 2y^2 + xy)\mathrm{d}s$,其中 L 是周长为 a 的椭圆 $\dfrac{x^2}{2} + \dfrac{y^2}{3} = 1$.

7. 计算 $\int_L (x+y)\mathrm{d}s$,其中设 L 是从点 $A(1,0)$ 到点 $B(-1,2)$ 的线段.

8. 计算 $\oint_L y\mathrm{d}x + \sin x\mathrm{d}y$,其中 L 为 $y = \sin x (0 \leqslant x \leqslant \pi)$ 与 x 轴所围的闭曲线,依顺时针方向.

9. 证明曲线积分 $\int_L (2x\cos y - y^2\sin x)\mathrm{d}x + (2y\cos x - x^2\sin y)\mathrm{d}y$ 与路径无关,并且计算曲线两端点为 $A(0,0)$ 及 $B(2,3)$ 时的值.

10. 计算 $\iint_\Sigma (x+y+z)\mathrm{d}S$,其中 Σ 为球面 $x^2 + y^2 + z^2 = 1, z \geqslant 0$.

11. 计算曲面积分 $\oiint\limits_{\Sigma}(x-y)\mathrm{d}x\mathrm{d}y+(y-z)x\mathrm{d}y\mathrm{d}z$,其中 Σ 为柱面 $x^2+y^2=1$ 及平面 $z=0, z=3$ 所围成的空间闭区域 Ω 的整个边界曲面的外侧.

12. 计算 $I=\iint\limits_{\Sigma}x\mathrm{d}y\mathrm{d}z+y\mathrm{d}z\mathrm{d}x+z\mathrm{d}x\mathrm{d}y$,其中 Σ 是锥面 $z=\sqrt{x^2+y^2}$ 被平面 $z=1$ 所截得部分的下侧.

13. 计算 $I=\iint\limits_{\Sigma}2x^3\mathrm{d}y\mathrm{d}z+2y^3\mathrm{d}z\mathrm{d}x+3(z^2-1)\mathrm{d}x\mathrm{d}y$,其中 Σ 是曲面 $z=1-x^2-y^2(z\geqslant 0)$ 的上侧.

14. 求向量场 $\boldsymbol{A}=x\boldsymbol{i}+y\boldsymbol{j}+z\boldsymbol{k}$ 穿过锥体 $\{(x,y,z)\mid \sqrt{x^2+y^2}\leqslant z\leqslant 2\}$ 的表面流向外侧的通量.

强化训练 10

一、填空题

1. 设 L 是从点 $A(1,0)$ 到点 $B(-1,2)$ 的线段，则 $\int_L (x+y)\mathrm{d}s = $ _____ .

2. 设 L 为折线段 $|x|+|y|=1$ 所围成区域的整个边界，则 $\oint_L (4x^3+x^2 y)\mathrm{d}s = $ _____ .

3. 设曲线 $L: \dfrac{x^2}{2}+\dfrac{y^2}{3}=1$，周长为 a，则 $\oint_L (3x^2+2y^2)\mathrm{d}s = $ _____ .

4. 设 L 为曲线 $x=t\cos t, y=t\sin t, z=t\ (0\leqslant t\leqslant \sqrt{2})$，则 $\int_L z\mathrm{d}s = $ _____ .

5. 设曲线 L 是三角形 ABC 区域的正向边界，其中点 A,B,C 的坐标分别为 $(-1,0),(1,0),(0,1)$，则 $\oint_L 2y\cos^2 x\mathrm{d}x+(\sin x\cos x-x)\mathrm{d}y = $ _____ .

6. 设 Σ 为球面 $x^2+y^2+z^2=4$，则 $\oiint_\Sigma (x^2+y^2)\mathrm{d}S = $ _____ .

7. 设 Σ 是柱面 $x^2+y^2=4$ 介于 $1\leqslant z\leqslant 3$ 之间的部分曲面，它的法向指向含 Oz 轴的一侧，则 $\iint_\Sigma \sqrt{x^2+y^2+z^2}\mathrm{d}x\mathrm{d}y = $ _____ .

8. 设 Σ 为球面 $x^2+y^2+z^2=R^2$ 的内侧，则 $\oiint_\Sigma x^3\mathrm{d}y\mathrm{d}z+y^3\mathrm{d}z\mathrm{d}x+z^3\mathrm{d}x\mathrm{d}y = $ _____ .

9. 设 $\cos\alpha,\cos\beta,\cos\gamma$ 是有向曲面 Σ 在点 (x,y,z) 的法向量的方向余弦，则 $\iint_\Sigma (P\cos\alpha+Q\cos\beta+R\cos\gamma)\mathrm{d}S = $ _____ .

10. 设数量场 $u=\ln\sqrt{x^2+y^2+z^2}$，则 $\mathrm{rot}(\mathrm{grad}\,u)\big|_{(1,0,1)} = $ _____ .

二、选择题

1. 设曲线 $L: y=x^2, |x|\leqslant 1$，则在 $\int_L f(x,y)\mathrm{d}s$ 中，被积函数 $f(x,y)$ 取 _____ 时，该积分可以理解成 L 的质量　　　　　　　　　　（　　）

    A. $x+y$　　　B. $x+y-2$　　　C. $x+y+2$　　　D. $x-3$

2. 已知 L 为连接 $(1,0)$ 及 $(0,1)$ 两点的直线段，则 $\int_L (x+y)\mathrm{d}s$ 等于　（　　）

    A. 0　　　B. $\sqrt{2}$　　　C. $-\sqrt{2}$　　　D. 无法计算

3. 已知 L 为 $x^2+y^2=a^2$，则 $\oint_L (x^2+y^2)^n ds$ 等于 （   ）

   A. 0　　　　　B. $2\pi a^{2n+1}$　　　C. πa^{2n+1}　　　D. 无法计算

4. 设 $I=\int_L \sqrt{y}\,ds$，其中 L 是抛物线 $y=x^2$ 上点 $(0,0)$ 与点 $(1,1)$ 之间的一段弧，则 $I=$ （   ）

   A. $\dfrac{5\sqrt{5}}{12}$　　B. $\dfrac{5\sqrt{5}}{6}$　　C. $\dfrac{5\sqrt{5}-1}{12}$　　D. $\dfrac{5\sqrt{5}-1}{6}$

5. 设 C 为分段光滑的任意闭曲线，$\varphi(x)$ 及 $\psi(y)$ 为连续函数，则 $\oint_C \varphi(x)dx+\psi(y)dy$ 的值为 （   ）

   A. 与 C 有关　　　　　　　　B. 等于 0
   C. 与 $\varphi(x)$、$\psi(x)$ 的形式有关　　D. 2π

6. 积分 $\oint_L \dfrac{xdy-ydx}{x^2+y^2}$ 的值 （   ）

   A. 等于零　　　　　　　　B. 不等于零
   C. 与路径 L 有关　　　　D. 与路径 L 无关

7. 设 Σ 为平面 $\dfrac{x}{2}+\dfrac{y}{3}+\dfrac{z}{4}=1$ 在第一卦限的部分，则 $\iint_\Sigma \left(z+2x+\dfrac{4}{3}y\right)ds=$ （   ）

   A. $4\int_0^2 dx\int_0^{3(1-\frac{x}{2})} dy$　　　　B. $\dfrac{\sqrt{61}}{3}\cdot 4\int_0^2 dx\int_0^{3(1-\frac{x}{2})} dy$

   C. $\dfrac{\sqrt{61}}{3}\cdot 4\int_0^{2(\frac{y}{3}-1)} dx\int_0^3 dy$　　D. $\dfrac{\sqrt{61}}{3}\cdot 4\int_0^2 dx\int_0^3 dy$

8. Σ 为球面 $x^2+y^2+z^2=a^2$ 的外侧，则 $\iint_\Sigma (y-z)dydz+(z-x)dzdx+(x-y)dxdy=$ （   ）

   A. $6\pi a^2$　　　B. πa^2　　　C. $3\pi a^2$　　　D. 0

9. 若曲线为圆周 $\Gamma:\begin{cases}x^2+y^2+z^2=1\\x+y+z=0\end{cases}$，且从 z 轴的正向看去，该圆周取逆时针方向，则曲线积分 $\oint_\Gamma ydx+zdy+xdz$ 等于 （   ）

   A. $-\sqrt{3}\pi$　　B. $\sqrt{3}\pi$　　C. $2\sqrt{3}\pi$　　D. 0

10. $I=\oint_L \dfrac{-ydx+xdy}{x^2+y^2}$，因为 $\dfrac{\partial Q}{\partial x}=\dfrac{\partial P}{\partial y}=\dfrac{y^2-x^2}{x^2+y^2}$，所以 （   ）

    A. 对任意闭曲线 $L,I=0$

B. 当 L 为不含原点在内的闭区域的边界线时 $I = 0$

C. 因为 $\dfrac{\partial Q}{\partial x} = \dfrac{\partial P}{\partial y}$ 在原点不存在,故对任意闭曲线 $L, I \neq 0$

D. 当 L 含原点在内时 $I = 0$,不含原点时 $I \neq 0$

三、计算下列曲线积分

1. 计算 $\displaystyle\int_L x\,\mathrm{d}s$,其中 L 由连接点 $A(-1,0), B(0,1)$ 的圆 $x^2 + y^2 = 1$ 的上半圆弧段与连接点 $B(0,1), C(1,0)$ 的直线 $x + y = 1$ 的线段组成.

2. 计算 $\displaystyle\oint_L \dfrac{\mathrm{d}s}{x^2 + y^2 + z^2}$,其中 L 为 $x^2 + y^2 + z^2 = 5$ 与 $z = 1$ 的交线.

3. 计算 $\displaystyle\oint_L (y^2 + 2x\sin y)\,\mathrm{d}x + x^2(\cos y + x)\,\mathrm{d}y$,其中 L 是以点 $A(1,0), B(0,1), E(-1,0), F(0,-1)$ 为顶点的逆时针方向的正方形.

4. 求 $\displaystyle\int_L (2xy^3 - y^2\cos x)\,\mathrm{d}x + (1 - 2y\sin x + 3x^2 y^2)\,\mathrm{d}y$,其中 L 为 $2x = \pi y^2$,从点 $O(0,0)$ 到 $B\left(\dfrac{\pi}{2}, 1\right)$ 的一段弧.

四、选取 a 与 b,使得 $\dfrac{ax+y}{x^2+y^2}dx - \dfrac{x-y+b}{x^2+y^2}dy$ 成为某一函数 $u(x,y)$ 的全微分,并求 $u(x,y)$.

五、计算下列曲面积分

1. 求 $I = \iint\limits_{\Sigma}(2x+y+z-1)dS$,其中 Σ 为平面 $x+y+z=1$ 在第一卦限的部分曲面.

2. 计算 $\iint\limits_{\Sigma}(x+y+z)dS$,其中 Σ 为平面 $y+z=5$ 被柱面 $x^2+y^2=25$ 所截得的部分.

3. 计算 $\oiint\limits_{\Sigma} x^3 dydz + y^3 dzdx + z^3 dxdy$,其中 Σ 为球面 $x^2+y^2+z^2=1$ 的外侧.

4. 计算 $\oiint\limits_{\Sigma} \dfrac{xdydz + ydzdx + zdxdy}{\sqrt{(x+y^2+z^2)^3}}$,其中 Σ 为球面 $x^2+y^2+z^2=a^2$ 的外侧.

5. 计算 $I = \iint\limits_{\Sigma} -4xz\,dydz + 8yz\,dzdx + 2(1-z^2)\,dxdy$，其中 Σ 是由 $\begin{cases} z = y \\ x = 0 \end{cases}$，$0 \leqslant y \leqslant 1$ 绕 z 轴旋转一周而成的下侧曲面.

6. 计算曲面积分 $I = \iint\limits_{\Sigma} 2xz^2\,dydz + y(z^2+1)\,dzdx + (9-z^3)\,dxdy$，其中 Σ 为曲面 $z = x^2 + y^2 + 1(1 \leqslant z \leqslant 2)$，取下侧.

六、计算下列曲线积分

1. $\oint_{\Gamma}(z-y)\,dx + (x-z)\,dy + (x-y)\,dz$，其中 Γ 是曲线 $\begin{cases} x^2 + y^2 = 1 \\ x - y + z = 2 \end{cases}$，与 z 轴正向符合右手螺旋法则.

2. 计算 $I = \oint_L (y^2 - z^2)\,dx + (2z^2 - x^2)\,dy + (3x^2 - y^2)\,dz$，其中 L 是平面 $x + y + z = 2$ 与柱面 $|x| + |y| = 1$ 的交线，从 z 轴的正向看去 L 为逆时针方向.

同步测试 10

一、填空题

1. 设 L 是任意一条分段光滑的闭曲线,则积分 $\oint_L 2xy\,dx + x^2\,dy =$ _____.

2. 设 L 是半圆周 $L:\begin{cases} x = a\cos t \\ y = a\sin t \end{cases}(0 \leqslant t \leqslant \pi)$,则 $\int_L (x^2 + y^2)\,ds =$ _____.

3. 设 L 是以 $(0,0),(1,0),(1,1),(0,1)$ 为顶点的正方形边界正向一周,则曲线积分 $\oint_L (e^x + y)\,dx - 2x\,dy =$ _____.

4. 设 $\boldsymbol{A} = (x^2 + yz)\boldsymbol{i} + (y^2 + xz)\boldsymbol{j} + (z^2 + xy)\boldsymbol{k}$,则 $\text{div}\boldsymbol{A} =$ _____.

5. 向量场 $\boldsymbol{A}(x,y,z) = \{xy^2, e^z, x\ln(1+z)\}$ 在点 $(1,1,0)$ 处的散度 $\text{div}\boldsymbol{A} =$ _____.

二、选择题

1. 设函数 $P(x,y), Q(x,y)$ 在单连通区域 D 上具有一阶连续偏导数,则曲线积分 $\int_L P\,dx + Q\,dy$ 在 D 内与路径无关的充要条件为 ( )

   A. $\dfrac{\partial Q}{\partial x} = -\dfrac{\partial P}{\partial y}$ 　　　　B. $\dfrac{\partial Q}{\partial y} = -\dfrac{\partial P}{\partial x}$

   C. $\dfrac{\partial Q}{\partial x} = \dfrac{\partial P}{\partial y}$ 　　　　D. $\dfrac{\partial Q}{\partial y} = \dfrac{\partial P}{\partial x}$

2. 设 L 为圆周 $x^2 + y^2 = 2$ 的逆时针方向,则 $\int_L \dfrac{x\,dy - y\,dx}{x^2 + y^2} =$ ( )

   A. π 　　B. 2π 　　C. $\dfrac{\pi}{2}$ 　　D. 0

3. 已知闭曲线 C 的方程为 $|x| + |y| = 2$,则 $\oint_C \dfrac{x+y}{|x|+|y|}\,dS =$ ( )

   A. 4 　　B. 1 　　C. 2 　　D. 0

4. 设曲面 Σ 是上半球面:$x^2 + y^2 + z^2 = 1(z \geqslant 0)$,曲面 Σ_1 是曲面 Σ 在第一卦限的部分,则有 ( )

   A. $\iint\limits_{\Sigma} x\,ds = 4\iint\limits_{\Sigma_1} x\,ds$ 　　　　B. $\iint\limits_{\Sigma} y\,ds = 4\iint\limits_{\Sigma_1} x\,ds$

   C. $\iint\limits_{\Sigma} z\,ds = 4\iint\limits_{\Sigma_1} x\,ds$ 　　　　D. $\iint\limits_{\Sigma} xyz\,ds = 4\iint\limits_{\Sigma_1} xyz\,ds$

5. 曲面积分 $\iint\limits_{\Sigma} z^2\,dx\,dy$ 在数值上等于 ( )

A. 面密度为 z^2 的曲面 Σ 的质量
B. 向量 $z^2 \boldsymbol{i}$ 穿过曲面 Σ 的流量
C. 向量 $z^2 \boldsymbol{j}$ 穿过曲面 Σ 的流量
D. 向量 $z^2 \boldsymbol{k}$ 穿过曲面 Σ 的流量

三、计算 $\oint_L (e^x - x^2 y) dx + (xy^2 - \cos y^2 + y) dy$,其中 L 是圆周 $x^2 + y^2 = a^2$ 并取正向.

四、计算 $I = \int_L \sqrt{x^2 + y^2} dx + y \ln(x + \sqrt{x^2 + y^2}) dy$,其中曲线 $L: y = \sin x$ ($\pi \leqslant x \leqslant 2\pi$) 并按 x 增大的方向.

五、计算 $\int_L 2xy dx + x^2 dy$,其中 L 为抛物线 $y = x^2$ 上从 $O(0, 0)$ 到 $A(1, 1)$ 的一段弧.

六、计算曲面积分 $\iint\limits_{\Sigma}(x^2+y^2)\mathrm{d}S$，其中 Σ 是锥面 $z=\sqrt{x^2+y^2}$ 介于平面 $z=0$ 及 $z=1$ 之间的部分.

七、计算 $\iint\limits_{\Sigma}(x-z)\mathrm{d}y\mathrm{d}z+x^2\mathrm{d}z\mathrm{d}x+(y^2-z)\mathrm{d}x\mathrm{d}y$，其中 Σ 是边长为 a 的正方体的表面并取外侧.

八、计算曲线积分 $I=\oint_{\Gamma}(y^2-z^2)\mathrm{d}x+(z^2-x^2)\mathrm{d}y+(x^2-y^2)\mathrm{d}z$，其中 Γ 是平面 $x+y+z=\dfrac{3}{2}$ 与立方体 $\{(x,y,z)\mid 0\leqslant x\leqslant 1, 0\leqslant y\leqslant 1, 0\leqslant z\leqslant 1\}$ 的表面的交线，且从 x 轴的正向看去取逆时针方向.

11 微分方程

11.1 内容提要与归纳

11.1.1 一阶微分方程及其解法

1) 微分方程的有关基本概念

(1) 微分方程定义

把含有自变量、未知函数以及未知函数的导数或微分的方程称为微分方程.

未知函数是一元函数的微分方程称为常微分方程,未知函数是多元函数的微分方程称为偏微分方程. 本章只讨论常微分方程,简称为微分方程.

(2) 微分方程的阶、解与通解、初始条件与特解

① 微分方程中所出现的未知函数的最高阶导数的阶数称为该微分方程的阶.

② 满足微分方程的函数 $y = y(x)$ 称为该微分方程的解(解函数的图形称为该微分方程的积分曲线). 把含有相互独立的任意常数且任意常数的个数与微分方程的阶数相等的解称为微分方程的通解.

③ 用未知函数及其各阶导数在某个特定点处的值作为确定通解中任意常数的条件,称为初始条件. 满足初始条件且不含任意常数的微分方程的解称为该微分方程的特解.

2) 几种常见的一阶微分方程及其解法

(1) 可分离变量的微分方程

形如 $\dfrac{dy}{dx} = f(x)g(y)$ 的微分方程称为可分离变量的方程.

解法:设 $f(x), g(y)$ 分别是 x, y 的连续函数,对方程 $\dfrac{dy}{g(y)} = f(x)dx$ 两边积分,即可得原方程的通解.

(2) 齐次方程

形如 $\dfrac{dy}{dx} = \varphi\left(\dfrac{y}{x}\right)$ 的方程称为齐次方程.

解法:作变换 $u = \dfrac{y}{x}$,即 $y = ux$,可把齐次方程化为可分离变量的方程 $x\dfrac{du}{dx} +$

$u = \varphi(u)$,即 $\dfrac{\mathrm{d}u}{\varphi(u)-u} = \dfrac{\mathrm{d}x}{x}$,再用分离变量法即可解之.

(3) 一阶线性微分方程

形如 $\dfrac{\mathrm{d}y}{\mathrm{d}x} + P(x)y = Q(x)$ 的方程称为一阶线性微分方程,其中 $P(x), Q(x)$ 在区间 I 上连续. 当 $Q(x) \equiv 0$ 时,对应的方程称为齐次的;当 $Q(x) \not\equiv 0$ 时,对应的方程称为非齐次的.

解法:采用公式法.

一阶线性齐次方程 $\dfrac{\mathrm{d}y}{\mathrm{d}x} + P(x)y = 0$ 的通解为

$$y = C(x)\,\mathrm{e}^{-\int P(x)\mathrm{d}x}$$

一阶线性非齐次方程 $\dfrac{\mathrm{d}y}{\mathrm{d}x} + P(x)y = Q(x)$ 的通解为

$$y = \mathrm{e}^{-\int P(x)\mathrm{d}x}\left[\int Q(x)\mathrm{e}^{\int P(x)\mathrm{d}x}\mathrm{d}x + C\right] \quad (\text{其中 } C \text{ 为任意常数})$$

(4) 贝努利方程

形如 $\dfrac{\mathrm{d}y}{\mathrm{d}x} + P(x)y = Q(x)y^{\alpha}\ (\alpha \neq 0, 1)$ 的方程称为贝努利方程.

解法:作变换 $z = y^{1-\alpha}$,则原方程可化为如下的一阶线性方程

$$\dfrac{\mathrm{d}z}{\mathrm{d}x} + (1-\alpha)P(x)z = (1-\alpha)Q(x)$$

求出该方程的通解后,再将 z 换成 $y^{1-\alpha}$,即可得到原方程的通解.

(5) 全微分方程

形如 $P(x,y)\mathrm{d}x + Q(x,y)\mathrm{d}y = 0$ 且在单连通区域 G 内满足 $\dfrac{\partial P}{\partial y} = \dfrac{\partial Q}{\partial x}$ 的方程称为全微分方程.

解法一:方程的左端为某个二元函数 $u(x,y)$ 的全微分,即
$$\mathrm{d}u(x,y) = P(x,y)\mathrm{d}x + Q(x,y)\mathrm{d}y$$
则原方程的通解为
$$u(x,y) = C$$
其中函数 $u(x,y)$ 可由下式给出:
$$u(x,y) = \int_{x_0}^{x} P(x, y_0)\mathrm{d}x + \int_{y_0}^{y} Q(x, y)\mathrm{d}y$$
或
$$u(x,y) = \int_{x_0}^{x} P(x, y)\mathrm{d}x + \int_{y_0}^{y} Q(x_0, y)\mathrm{d}y$$
其中 (x_0, y_0) 是区域 G 中的任一个定点.

则原方程的通解为
$$u(x,y) = C$$

解法二：采用观察法，即通过观察将原方程化为
$$P(x,y)\mathrm{d}x + Q(x,y)\mathrm{d}y = \mathrm{d}u(x,y) = 0$$
则原方程的通解为
$$u(x,y) = C$$

(6) 可降阶的高阶微分方程

① 形如 $y^{(n)} = f(x)$ 的方程.

解法：连续进行 n 次积分，每积分一次就将原方程降阶一次，连续进行 n 次积分后，就可得到原方程的通解.

② 形如 $y'' = f(x, y')$（不显含未知函数 y）的方程.

解法：设 $y' = p(x)$，则 $y'' = p' = \dfrac{\mathrm{d}p}{\mathrm{d}x}$，将原方程降为一阶方程
$$\frac{\mathrm{d}p}{\mathrm{d}x} = f(x, p)$$

解出上述这个方程的通解，再将 $y' = p(x)$ 代入求得的通解中，得到一个新的关于 y 的一阶方程并求出其通解，便可得原方程的通解.

③ 形如 $y'' = f(y, y')$（不显含自变量 x）的方程.

解法：设 $y' = p(y)$，则 $y'' = \dfrac{\mathrm{d}p}{\mathrm{d}x} = \dfrac{\mathrm{d}p}{\mathrm{d}y} \cdot \dfrac{\mathrm{d}y}{\mathrm{d}x} = p\dfrac{\mathrm{d}p}{\mathrm{d}y}$，将原方程降为一阶方程
$$p\frac{\mathrm{d}p}{\mathrm{d}y} = f(y, p)$$

解出上述这个方程的通解，再将 $y' = p(y)$ 代入求得的通解中，得到一个新的关于 y 的一阶方程并求出其通解，便可得原方程的通解.

11.1.2　二阶线性微分方程及其解法

形如 $y'' + P(x)y' + Q(x)y = f(x)$ 的方程称为二阶线性微分方程，当 $f(x) \equiv 0$ 时，方程称为齐次的；当 $f(x) \neq 0$ 时，方程称为非齐次的，$f(x)$ 称为二阶线性微分方程的自由项.

1) 二阶线性微分方程解的结构

(1) 二阶线性齐次方程的解结构

若 $y_1(x)$ 与 $y_2(x)$ 是二阶线性齐次方程的两个线性无关的特解 $\left(\text{即} \dfrac{y_1(x)}{y_2(x)} \neq k\right)$，则该齐次方程的通解为 $y = C_1 y_1 + C_2 y_2$.

(2) 二阶线性非齐次方程的解结构

若 $y^*(x)$ 是非齐次方程的一个特解,所对应的齐次方程的通解为 $Y = C_1 y_1 + C_2 y_2$,则非齐次方程的通解为 $y = Y + y^*$.

(3) 特解的叠加原理

若 $f(x) = f_1(x) + f_2(x)$,且 y_1^* 与 y_2^* 分别是方程
$$y'' + P(x)y' + Q(x)y = f_1(x)$$
与
$$y'' + P(x)y' + Q(x)y = f_2(x)$$
的特解,则 $y_1^* + y_2^*$ 是方程 $y'' + P(x)y' + Q(x)y = f_1(x) + f_2(x)$ 的特解.

2) 常系数线性微分方程及其解法

(1) 二阶常系数线性齐次微分方程及其解法

形如 $y'' + py' + qy = 0$(其中 p 和 q 均为常数)的方程称为二阶常系数线性齐次微分方程.

求该方程的通解的步骤如下:

① 写出方程 $y'' + py' + qy = 0$ 对应的特征方程 $r^2 + pr + q = 0$.

② 求出特征方程的特征根 r_1, r_2.

③ 根据表 11-1 给出的三种特征根的不同情形,写出 $y'' + py' + qy = 0$ 的通解.

表 11-1 微分方程 $y'' + py' + qy = 0$ 的通解形式

特征根的情形	特征根	对应的通解
有两个不同特征实根	$r_1 \neq r_2$	$y = C_1 e^{r_1 x} + C_2 e^{r_2 x}$
有两个相同特征实根	$r_1 = r_2 = r$	$y = (C_1 + C_2 x)e^{rx}$
有一对共轭复根	$r_{1,2} = \alpha \pm i\beta$	$y = (C_1 \cos\beta x + C_2 \sin\beta x)e^{\alpha x}$

上述方法及通解形式可推广到 n 阶常系数线性齐次微分方程.

(2) 二阶常系数线性非齐次微分方程及其解法

形如 $y'' + py' + qy = f(x)$(其中 p 和 q 均为常数)的方程称为二阶常系数线性非齐次微分方程.

求该方程的通解的步骤如下:

① 先求出原方程所对应的线性齐次微分方程 $y'' + py' + qy = 0$ 的通解 Y.

② 根据表 11-2 设出原方程的一个特解 y^* 的形式,并将该 y^* 代入原方程中,解出 y^* 中的待定常数,进而求得原方程的一个特解 y^*.

③ 写出原方程 $y'' + py' + qy = f(x)$ 的通解 $y = Y + y^*$.

表 11-2 微分方程 $y'' + py' + qy = f(x)$ 的特解 y^* 的形式

自由项 $f(x)$ 的形式	特解的形式	
$f(x) = P_m(x)e^{\lambda x}$	λ 不是特征根	$y^* = Q_m(x)e^{\lambda x}$
	λ 是特征单根	$y^* = xQ_m(x)e^{\lambda x}$
	λ 是二重特征根	$y^* = x^2 Q_m(x)e^{\lambda x}$
$f(x) = e^{\lambda x}[P_l(x)\cos\omega x + P_n(x)\sin\omega x]$	$y^* = x^k e^{\lambda x}[R_m^{(1)}(x)\cos\omega x + R_m^{(2)}(x)\sin\omega x]$ $\lambda + i\omega$ 不是特征根, $k=0$ $\lambda + i\omega$ 是特征根, $k=1, m = \max(l, n)$	

注:表中的 $P_m(x)$、$P_n(x)$、$P_l(x)$ 分别为已知的 m 次、n 次、l 次多项式,$Q_m(x)$、$R_m^{(1)}(x)$、$R_m^{(2)}(x)$ 为待定的 m 次多项式.

11.1.3 欧拉方程及其解法

形如 $x^n y^{(n)} + p_1 x^{n-1} y^{(n-1)} + \cdots + p_{n-1} xy' + p_n y = f(x)$ [其中 $p_i (i = 1, 2, \cdots, n)$ 为常数]的方程称为欧拉方程.

解法:作代换 $x = e^t$(即 $t = \ln x$),将方程化为以 t 为自变量,y 为未知函数的常系数线性微分方程,求出该方程的通解后,把 t 换成 $\ln x$ 即得原方程的通解.

11.2 典型例题分析

例 1 求下列方程的通解:

(1) $y\mathrm{d}x + (x^2 - 4x)\mathrm{d}y = 0$.   (2) $x\mathrm{d}y + 2y(\ln y - \ln x)\mathrm{d}x = 0$.

(3) $(x^2 - 1)y' + 2xy - \cos x = 0$.   (4) $\dfrac{\mathrm{d}y}{\mathrm{d}x} - \dfrac{4}{x}y = x^2\sqrt{y}$.

解 (1) 将原方程分离变量为 $\dfrac{\mathrm{d}x}{4x - x^2} = \dfrac{\mathrm{d}y}{y}$,对该方程的两边积分:

$$\int \left(\frac{1}{x} + \frac{1}{4-x}\right)\mathrm{d}x = 4\int \frac{\mathrm{d}y}{y}$$

解得:$\ln x - \ln(4-x) + \ln C = \ln y^4$,即 $y^4(4-x) = Cx$,故原方程的通解为
$$y^4(4-x) = Cx$$

(2) 将原方程化为齐次方程:$\dfrac{\mathrm{d}y}{\mathrm{d}x} = -2\dfrac{y}{x}\ln\dfrac{y}{x}$,令 $u = \dfrac{y}{x}$,得:$\dfrac{\mathrm{d}y}{\mathrm{d}x} = u + x\dfrac{\mathrm{d}u}{\mathrm{d}x}$,代入方程得:

$$\frac{\mathrm{d}u}{u(2\ln u + 1)} = -\frac{\mathrm{d}x}{x}$$

由原方程知 $x > 0, y > 0$,因此 $u > 0$,对上式积分,得:

$$\frac{1}{2}\ln|2\ln u+1|=-\ln|x|-\ln C_1$$

解得：$|2\ln u+1|=\dfrac{1}{C_1^2 x^2}$，将 $u=\dfrac{y}{x}$ 代入该式中，得：$\left|2\ln\dfrac{y}{x}+1\right|=\dfrac{1}{C_1^2 x^2}$，即 $2\ln\dfrac{y}{x}+1=\dfrac{1}{Cx^2}$，其中 $C=\pm C_1^2$，故原方程的通解为

$$y=x\mathrm{e}^{\frac{1}{2}\left(\frac{1}{Cx^2}-1\right)}$$

(3) 将原方程化为一阶线性非齐次微分方程：$y'+\dfrac{2x}{x^2-1}y=\dfrac{\cos x}{x^2-1}$，由公式得

$$y=\mathrm{e}^{-\int\frac{2x}{x^2-1}\mathrm{d}x}\left(\int\frac{\cos x}{x^2-1}\mathrm{e}^{\int\frac{2x}{x^2-1}\mathrm{d}x}\mathrm{d}x+C\right)$$

$$=\frac{1}{x^2-1}\left(\int\cos x\,\mathrm{d}x+C\right)=\frac{\sin x+C}{x^2-1}$$

故原微分方程的通解为 $y=\dfrac{\sin x+C}{x^2-1}$.

(4) 令 $z=y^{1-\alpha}=y^{1-\frac{1}{2}}=y^{\frac{1}{2}}$，代入原方程得关于 z 的一阶线性非齐次微分方程：

$$\frac{\mathrm{d}z}{\mathrm{d}x}-\frac{2}{x}z=\frac{1}{2}x^2$$

由公式得

$$z=\mathrm{e}^{-\int-\frac{2}{x}\mathrm{d}x}\left(\int\frac{1}{2}x^2\mathrm{e}^{\int-\frac{2}{x}\mathrm{d}x}\mathrm{d}x+C\right)$$

解得

$$z=x^2\left(\frac{x}{2}+C\right)$$

将 $y=z^2$ 代入上式，即得原微分方程的通解为 $y=x^4\left(\dfrac{x}{2}+C\right)^2$.

例 2 求方程 $y\mathrm{d}x+(x^2y-x)\mathrm{d}y=0$ 的通解.

解 解法一：将原方程化为关于 x 的伯努利方程：$\dfrac{\mathrm{d}x}{\mathrm{d}y}-\dfrac{1}{y}x=-x^2$.

令 $u=x^{-1}$，则原方程化为关于 u 的一阶线性非齐次微分方程：$\dfrac{\mathrm{d}u}{\mathrm{d}y}+\dfrac{1}{y}u=1$，它的通解是

$$u=\mathrm{e}^{-\int\frac{1}{y}\mathrm{d}y}\left(\int\mathrm{e}^{\int\frac{1}{y}\mathrm{d}y}\mathrm{d}y+C\right)$$

解得

$$u=\frac{1}{y}\left(\frac{1}{2}y^2+C\right)=\frac{C}{y}+\frac{1}{2}y$$

将 $u = x^{-1}$ 代入上式,得原方程的通解为 $y = Cx + \frac{1}{2}xy^2$.

解法二:将原方程化为 $\frac{x\mathrm{d}y - y\mathrm{d}x}{x^2} = y\mathrm{d}y$, 即 $\mathrm{d}\left(\frac{y}{x}\right) = \mathrm{d}\left(\frac{1}{2}y^2\right)$, 两边积分得

$$\frac{y}{x} = \frac{1}{2}y^2 + C$$

即 $y = Cx + \frac{1}{2}xy^2$, 于是原方程的通解是 $y = Cx + \frac{1}{2}xy^2$.

例3 求 $2(3xy^2 + 2x^3)\mathrm{d}x + 3(2x^2y + y^2)\mathrm{d}y = 0$ 的通解.

解 设 $P(x,y) = 2(3xy^2 + 2x^3)$, $Q(x,y) = 3(2x^2y + y^2)$.

由于 $\frac{\partial Q}{\partial x} = \frac{\partial P}{\partial y} = 12xy$, 故方程是全微分方程, 则存在 $u(x,y)$, 使得 $\mathrm{d}u = P\mathrm{d}x + Q\mathrm{d}y$. 且

$$u(x,y) = \int_0^x 4x^3 \mathrm{d}x + \int_0^y 3(2x^2y + y^2)\mathrm{d}y = x^4 + 3x^2y^2 + y^3$$

则原方程的通解为 $x^4 + 3x^2y^2 + y^3 = C$.

> **小结**:(1) 解一阶微分方程先要通过观察甄别方程的类型,然后根据不同的类型采取相应的方法求出其通解.
> (2) 有些方程可看作多种不同的类型,因此有多种不同的解法,应选用最简捷的解法.

例4 求微分方程 $(x+y)^2 \frac{\mathrm{d}y}{\mathrm{d}x} = 1$ 的通解.

解 方程不属于一阶方程中的几种标准形式,令 $u = x + y$, 原方程化为

$$\frac{\mathrm{d}u}{\mathrm{d}x} = \frac{1+u^2}{u^2}, \quad \text{即} \quad \frac{u^2}{1+u^2}\mathrm{d}u = \mathrm{d}x$$

积分得: $u - \arctan u = x + C$.

将 $u = x + y$ 代入上式,得 $x + y - \arctan(x+y) = x + C$.

因此原方程的通解为 $y - \arctan(x+y) = C$.

> **小结**:有些方程从形式上看往往不是能解的类型的方程,但通过适当的变换可把方程化为能解的类型. 如何作变换要根据方程的特点来选择.

例5 设可导函数 $f(x)$ 满足方程 $\int_0^x f(t)\mathrm{d}t = x(x-1) + \int_0^x tf(x-t)\mathrm{d}t$, 求 $f(x)$.

解 此方程为积分方程,通过对方程两边求导将其化成微分方程,再求解.

令 $x-t=u$,则
$$\int_0^x tf(x-t)dt = -\int_x^0 (x-u)f(u)du = x\int_0^x f(u)du - \int_0^x uf(u)du$$

则原方程化为
$$\int_0^x f(t)dt = x(x-1) + x\int_0^x f(u)du - \int_0^x uf(u)du$$

两边对 x 求导,得
$$f(x) = 2x - 1 + \int_0^x f(u)du$$

再对 x 求导,得
$$f'(x) - f(x) = 2 \text{ 且 } f(0) = -1$$

解得
$$f(x) = e^{\int dx}\left(\int 2e^{\int -dx}dx + C\right) = e^x\left(\int 2e^{-x}dx + C\right)$$
$$= e^x(-2e^{-x} + C) = Ce^x - 2$$

将初始条件 $f(0) = -1$ 代入 $f(x) = Ce^x - 2$,得 $C = 1$.
故 $f(x) = e^x - 2$.

> **小结**:(1) 对于积分方程,一般要通过对方程两边求导将其化成微分方程,再求解.
> (2) 积分方程一般都是带有初始条件的定解问题.

例6 求微分方程 $(1-x^2)y'' - xy' = 0$ 满足 $y|_{x=0} = 0, y'|_{x=0} = 1$ 的特解.

解 方程为不显含 y 的二阶方程,设 $p(x) = y'$,代入原方程有
$$(1-x^2)p' - xp = 0$$
分离变量得: $\dfrac{dp}{p} = \dfrac{x}{1-x^2}dx$,对两边积分得: $\ln p = -\dfrac{1}{2}\ln|1-x^2| + \ln C_1$,即 $p = \dfrac{C_1}{\sqrt{1-x^2}}$. 由 $y'|_{x=0} = 1$,得 $C_1 = 1$,即 $p = \dfrac{1}{\sqrt{1-x^2}}$,即 $\dfrac{dy}{dx} = \dfrac{1}{\sqrt{1-x^2}}$,对两边积分得: $y = \arcsin x + C_2$. 由 $y|_{x=0} = 0$,得 $C_2 = 0$,故原方程的特解为 $y = \arcsin x$.

例7 求微分方程 $y'' = 1 + y'$ 的通解.

解 因为方程中既不显含 x,也不显含 y,为此按不显含 y 的类型求解.令 $y' = p(x)$,则 $y'' = \dfrac{dp}{dx}$,代入原方程得 $\dfrac{dp}{dx} = 1 + p$,分离变量得
$$\dfrac{dp}{1+p} = dx$$

对两边积分得: $\ln|1+p| = x + \ln|C_1|$,解得: $p = C_1 e^x - 1$,即 $\dfrac{dy}{dx} = C_1 e^x -$

1,再对两边积分得原方程的通解为 $y = C_1 e^x - x + C_2$.

> **小结**:在求此类高阶方程的通解时,必须先确定方程的类型,再按类型对应的方法降次求解;若一个方程同属多种类型,一般按简单的类型求解.

例 8 求下列微分方程的通解:
(1) $y'' - 6y' + 5y = 0$.
(2) $y'' - 6y' + 9y = 0$.
(3) $y'' - 2y' + 2y = 0$.

解 (1) 方程的特征方程为 $r^2 - 6r + 5 = 0$,其特征根为:$r_1 = 5, r_2 = 1$,故方程的通解为
$$y = C_1 e^{5x} + C_2 e^x$$

(2) 方程的特征方程为 $r^2 - 6r + 9 = 0$,其特征根为:$r_1 = r_2 = 3$,故方程的通解为
$$y = (C_1 + C_2 x) e^{3x}$$

(3) 方程的特征方程为 $r^2 - 2r + 2 = 0$,其特征根为:$r_{1,2} = 1 \pm i$,故方程的通解为
$$y = e^x (C_1 \cos x + C_2 \sin x)$$

> **小结**:(1) 利用二阶常系数线性齐次微分方程的解法步骤求解.
> (2) 注意不同的特征根情形对应不同的通解形式.

例 9 求下列微分方程的通解:
(1) $y'' - 4y' + 4y = 8x^2$. (2) $y'' - 3y' + 2y = xe^{2x}$.

解 (1) 原方程对应的齐次方程的特征方程为 $r^2 - 4r + 4 = 0$,解得其特征根为:$r_1 = r_2 = 2$,则其对应的齐次方程的通解为:$Y = (C_1 + C_2 x) e^{2x}$.

由于 $\lambda = 0$ 不是特征根,则令原方程的一个特解为 $y^* = Ax^2 + Bx + C$,则 $y^{*\prime} = 2Ax + B, y^{*\prime\prime} = 2A$,将它们代入原方程,比较两边同类项的系数,解得 $A = 2, B = 4, C = 3$,则 $y^* = 2x^2 + 4x + 3$,故原方程的通解为
$$y = (C_1 + C_2 x) e^{2x} + 2x^2 + 4x + 3$$

(2) 原方程对应的齐次方程的特征方程为 $r^2 - 3r + 2 = 0$,解得其特征根为:$r_1 = 1, r_2 = 2$,则该齐次方程的通解为 $Y_0 = C_1 e^x + C_2 e^{2x}$.

设原方程的特解为 $y^* = x(Ax + B) e^{2x}$,将它代入原方程,比较两边同类项的系数,解得 $A = \dfrac{1}{2}, B = -1$. 于是原方程的通解为

$$y = C_1 \mathrm{e}^x + C_2 \mathrm{e}^{2x} + x\left(\frac{1}{2}x - 1\right)\mathrm{e}^{2x}$$

例 10 求微分方程 $y'' + 4y = 4\cos 2x$ 满足初始条件 $y(0) = 1, y'(0) = 2$ 的特解.

解 原方程所对应的齐次方程的特征方程为: $r^2 + 4 = 0$,解得 $r = \pm 2\mathrm{i}$,所以对应的齐次方程的通解为 $Y = C_1\cos 2x + C_2\sin 2x$.

由于 $\lambda + \omega\mathrm{i} = 2\mathrm{i}$ 是特征方程的单根,故设原方程的特解为
$$y^* = x(a\cos 2x + b\sin 2x)$$
则
$$(y^*)' = a\cos 2x + b\sin 2x + x(-2a\sin 2x + 2b\cos 2x)$$
$$(y^*)'' = -2a\sin 2x + 2b\cos 2x - 2a\sin 2x + 2b\cos 2x + x(-4a\cos 2x - 4b\sin 2x)$$

将 $y^*, (y^*)', (y^*)''$ 代入原方程并整理得: $-4a\sin 2x + 4b\cos 2x = 4\cos 2x$.

比较两边同类项的系数,解得 $a = 0, b = 1$,故 $y^* = x\sin 2x$. 因此原方程的通解为
$$y = C_1\cos 2x + C_2\sin 2x + x\sin 2x$$

对上式求导得
$$y' = -2C_1\sin 2x + 2C_2\cos 2x + \sin 2x + 2x\cos 2x$$

将 $y(0) = 1, y'(0) = 2$ 分别代入上面两式中,解得 $C_1 = 1, C_2 = 1$.

故原方程满足初始条件的特解为: $y = \cos 2x + \sin 2x + x\sin 2x$.

例 11 设函数 $\varphi(x)$ 连续且满足: $\varphi(x) = \mathrm{e}^x + \int_0^x t\varphi(t)\mathrm{d}t - x\int_0^x \varphi(t)\mathrm{d}t$,求 $\varphi(x)$.

解 将 $x = 0$ 代入原方程,得: $\varphi(0) = 1$. 对原方程两边求导并整理,得: $\varphi'(x) = \mathrm{e}^x - \int_0^x \varphi(t)\mathrm{d}t$. 将 $x = 0$ 代入该方程,得: $\varphi'(0) = 1$. 再对上式两边求导并整理,得 $\varphi''(x) + \varphi(x) = \mathrm{e}^x$. 故原方程化为定解方程
$$\begin{cases} \varphi''(x) + \varphi(x) = \mathrm{e}^x \\ \varphi'(0) = 1 \\ \varphi(0) = 1 \end{cases}$$

该方程对应的齐次方程的特征方程为: $r^2 + 1 = 0$,解得 $r_1 = \mathrm{i}, r_2 = -\mathrm{i}$.

设 $y^* = a\mathrm{e}^x$,代入方程 $\varphi''(x) + \varphi(x) = \mathrm{e}^x$ 中,解得 $a = \frac{1}{2}$.

故原方程的通解为 $\varphi(x) = C_1\cos x + C_2\sin x + \frac{1}{2}\mathrm{e}^x$.

对上式求导得: $\varphi'(x) = -C_1\sin x + C_2\cos x + \frac{1}{2}\mathrm{e}^x$.

将 $\varphi(0)=1, \varphi'(0)=1$ 分别代入上面两式,求得:$C_1=\dfrac{1}{2}, C_2=\dfrac{1}{2}$.

故原方程的特解为 $\varphi(x)=\dfrac{1}{2}(\cos x+\sin x+e^x)$.

> **小结**:(1) 利用二阶常系数线性非齐次微分方程的解法步骤求解.
> (2) 注意不同的特征根情形对应不同的特解形式.
> (3) 对于积分方程,在对方程两边求导将其化成微分方程时,注意其相应的初始条件的个数都与其最后所得的微分方程的阶数相等,即最后得到一个定解问题,再求其特解.

例 12 求微分方程 $x^2 y''-xy'=x^3$ 的通解.

解 这是欧拉方程,令 $x=e^t$,即 $t=\ln x$,代入原方程,得

$$\dfrac{d^2 y}{dt^2}-2\dfrac{dy}{dt}=e^{3t} \tag{1}$$

上式为二阶线性常系数非齐次微分方程,其对应的特征方程为 $r^2-2r=0$,特征根为 $r_1=0, r_2=2$,则对应齐次方程的通解为 $Y=C_1+C_2 e^{2t}$.

可设线性非齐次微分方程(1)的一个特解为 $y^*=Ae^{3t}$,代入方程(1)比较系数得 $A=\dfrac{1}{3}$.

故方程(1)的通解为 $y=C_1+C_2 e^{2t}+\dfrac{1}{3}e^{3t}$.

所以原方程的通解为 $y=C_1+C_2 x^2+\dfrac{1}{3}x^3$.

基础练习 11

1. 下列说法中错误的是 ( )

    A. 方程 $xy'''+2y''+x^2 y=0$ 是三阶微分方程

    B. 方程 $y\dfrac{dy}{dx}+x\dfrac{dy}{dx}=y\sin x$ 是一阶线性微分方程

    C. 方程 $(x^2+2xy^3)dx+(y^2+3x^2 y^2)dy=0$ 是全微分方程

    D. 方程 $\dfrac{dy}{dx}+\dfrac{1}{2}xy=\dfrac{2y^2}{x}$ 是伯努利方程

2. 下列方程中,设 y_1, y_2 是它的解,可以推知 y_1+y_2 也是它的解的方程是 ( )

    A. $y'+p(x)y+q(x)=0$ B. $y''+p(x)y'+q(x)y=0$

C. $y'' + p(x)y' + q(x)y = f(x)$　　D. $y'' + p(x)y' + q(x) = 0$

3. 微分方程 $y'' - 5y' + 6y = xe^{2x}$ 的特解形式是　　　　　　（　　）

   A. $x(Ax+B)e^{2x}$　　　　　　B. $(Ax+B)e^{2x}$

   C. $x^2(Ax+B)e^{2x}$　　　　　D. $Ae^{2x}+Bx+C$

4. 已知特征根为 $r_1 = 0, r_2 = 1$，则相应的阶数最低的常系数线性齐次微分方程为＿＿＿＿＿．

5. 微分方程 $y'' - 4y' + 4y = 4x + e^{2x}$ 的特解具有形式＿＿＿＿＿．

6. 求下列微分方程的通解：

   (1) $xy' = y\ln y$.　　　　　(2) $x^2 y' + xy = y^2$.

   (3) $xy' - y = -x^2$.　　　　(4) $(xy + y^3)dy - dx = 0$.

7. 求解初值问题：$\begin{cases} y'' - 2y = 0 \\ y(0) = 0, y'(0) = 1 \end{cases}$．

8. 求下列微分方程的通解：

   (1) $y'' - 2y' + y = e^{-x}$.　　　(2) $y'' + y = -2\sin x$.

9. 设 $f(x)$ 为连续函数且满足 $f(x) = \int_0^{2x} f\left(\dfrac{t}{2}\right) dt + \ln 2$，求 $f(x)$.

强化训练 11

一、填空题

1. 通解为 $y = Ce^x + x$ 的微分方程是＿＿＿＿．

2. 过点 $\left(\dfrac{1}{2}, 0\right)$ 且满足关系式 $y' \arcsin x + \dfrac{y}{\sqrt{1-x^2}} = 1$ 的曲线方程为＿＿＿＿．

3. 已知 $(x + ay)dx + y dy = 0$ 为全微分方程，则 $a =$ ＿＿＿＿．

4. 微分方程 $y''' - x^2 y'' - x^5 = 1$ 的通解中应含的独立常数个数为＿＿＿＿．

5. $y''' = xe^x$ 的通解为＿＿＿＿．

6. 设二阶线性微分方程 $y'' + p(x) y' + q(x) y = f(x)$ 有三个特解 $y_1 = e^x$，$y_2 = e^x + e^{\frac{x}{2}}$，$y_3 = e^x + e^{-x}$，则该方程为＿＿＿＿．

7. 方程 $y'' - 4y = 0$ 的通解为＿＿＿＿．

8. 方程 $y'' + 5y' + 6y = 0$ 的通解为＿＿＿＿．

9. 方程 $2y'' + 5y' = 5x^2 - 2x - 1$ 的特解形式为＿＿＿＿．

10. 微分方程 $y''' + y'' + y' + y = 0$ 的通解为＿＿＿＿．

二、选择题

1. 已知 $y = e^{-x}$ 为 $y'' + ay' - 2y = 0$ 的一个解，则 $a =$ （　　）
   A. 0　　　　B. 1　　　　C. -1　　　　D. 2

2. 微分方程 $y' \sin x = y \ln y$ 满足初始条件 $y\big|_{x = \frac{\pi}{2}} = e$ 的特解是 （　　）
   A. $\ln y = 1 + \cos x$　　　　B. $\ln \ln y = -1 + \csc x$
   C. $\ln y = 1 + \tan \dfrac{x}{2}$　　　　D. $\ln y = \tan \dfrac{x}{2}$

3. 下列关于方程 $\dfrac{2x}{y^3} dx + \dfrac{y^2 - 3x^2}{y^4} dy = 0$ 的说法正确的是 （　　）
   A. 是变量可分离方程　　　　B. 是全微分方程
   C. 是伯努利方程　　　　D. 是二阶线性常系数微分方程

4. 下列微分方程中为全微分方程的是 ( )
   A. $(x^2-y)\mathrm{d}x-x\mathrm{d}y=0$ B. $(x-y^2)\mathrm{d}x+2xy\mathrm{d}y=0$
   C. $(x^2-2y)\mathrm{d}x-x^2\mathrm{d}y=0$ D. $y^2\mathrm{d}x-x\mathrm{d}y=0$

5. 下列微分方程中为齐次方程的是 ( )
   A. $y^2\mathrm{d}x-xy\mathrm{d}y=0$ B. $(x-y^3)\mathrm{d}x-3xy\mathrm{d}y=0$
   C. $(x^2-y)\mathrm{d}x-x^2\mathrm{d}y=0$ D. $y^2\mathrm{d}x+x\mathrm{d}y=0$

6. 方程 $xy'=\sqrt{x^2+y^2}+y$ 是 ( )
   A. 齐次方程 B. 一阶线性方程
   C. 伯努里方程 D. 可分离变量方程

7. 下列函数组中线性无关的是 ( )
   A. $x, x+1, x-1$ B. $0, x, x^2, x^3$
   C. $\mathrm{e}^{x+2}, \mathrm{e}^{x-2}$ D. $\mathrm{e}^{x-2}, \mathrm{e}^{2-x}$

8. 微分方程 $y'''+y'+y=\cos x$ 是 ( )
   A. 一阶线性微分方程 B. 二阶线性微分方程
   C. 三阶线性微分方程 D. 三阶非线性微分方程

9. 在下列微分方程中,以 $y=C_1\mathrm{e}^{-2x}+C_2\mathrm{e}^x+x\mathrm{e}^x$（其中 C_1, C_2 为任意常数）为通解的方程是 ( )
   A. $y''-y'-2y=3x\mathrm{e}^x$ B. $y''-y'-2y=3\mathrm{e}^x$
   C. $y''+y'-2y=3x\mathrm{e}^x$ D. $y''+y'-2y=3\mathrm{e}^x$

10. 下列微分方程中,通解是 $y=\mathrm{e}^x(C_1\cos 2x+C_2\sin 2x)$ 的方程是 ( )
    A. $y''-2y'-3y=0$ B. $y''-2y'+5y=0$
    C. $y''+y'-2y=0$ D. $y''+6y'+13y=0$

三、解下列微分方程

1. 求微分方程 $xy'-y=y^2$ 满足初始条件 $y|_{x=1}=1$ 的解.

2. 求微分方程 $xy'+y=2\sqrt{xy}$ 的通解.

3. 求微分方程 $(1+x^2)\mathrm{d}y = (2xy+3x^2+3)\mathrm{d}x$ 的通解.

4. 求微分方程 $xy' = y - x^2 y^2$ 的通解.

5. 求微分方程 $(x^2-y)\mathrm{d}x - x\mathrm{d}y = 0$ 的通解.

6. 求微分方程 $(1+x^2)\dfrac{\mathrm{d}^2 y}{\mathrm{d}x^2} - 2x\dfrac{\mathrm{d}y}{\mathrm{d}x} = 0$ 的通解.

四、解下列微分方程

1. 求微分方程 $y'' - 6y' + 9y = 0$ 的通解.

2. 求微分方程 $y'' + y = x + \mathrm{e}^x$ 的通解.

3. 求微分方程 $y'' + 2y = \sin x$ 满足条件 $y(0) = 1, y'(0) = 1$ 的特解.

五、解下列各题

1. 设函数 $\varphi(x)$ 可导且满足: $\varphi(x)\cos x + 2\int_0^x \varphi(t)\sin t \, dt = x + 1$, 求 $\varphi(x)$.

2. 设 $f(x)$ 在 $(-\infty, +\infty)$ 内二阶可微, $f(0) = 1, f'(0) = 2$, 并且对于 xOy 平面内任何光滑闭曲线 L, 都有 $\oint_L [y^2 - 6yf(x) + x^2] dx + [y^2 + 2xy - \sin x + f'(x) - 5f(x)] dy = 0$, 求 $f(x)$.

同步测试 11

一、填空题

1. $xy''' + 2x^2 y'^2 + x^3 y = x^4 + 1$ 是 _____ 阶微分方程.
2. 已知 $y = 1, y = x, y = x^2$ 是某二阶线性非齐次微分方程的三个解,则该方程的通解为 _____.
3. 微分方程 $dy = y^2 \sin x \, dx$ 的通解为 _____.
4. 微分方程 $y'' - 3y' - 4y = 0$ 的通解为 _____.
5. 设一阶线性非齐次微分方程 $y' + P(x)y = Q(x)$ 有两个线性无关解 y_1, y_2,若 $\alpha y_1 + \beta y_2$ 也是该方程的解,则应有 $\alpha + \beta =$ _____.

二、选择题

1. 已知二阶常系数线性齐次微分方程的两个线性无关的特解为 $y_1 = \sin 3x$，$y_2 = \cos 3x$，则该方程为 (   )

   A. $y'' + 9y' = 0$ 　　　　　　　B. $y'' - 9y = 0$

   C. $y'' - 9y' = 0$ 　　　　　　　D. $y'' + 9y = 0$

2. 方程 $y'' - 4y' + 3y = e^x(x^2 - 6x + 8)$ 的特解可设为 (   )

   A. $x^2 e^x(ax^2 + bx + c)$ 　　　B. $xe^x(ax^2 + bx + c)$

   C. $e^x(ax^2 + bx + c)$ 　　　　　D. $ax^2 + bx + c$

3. 已知 $y = e^{-x}$ 为 $y'' + ay' - 2y = 0$ 的一个解，则 $a =$ (   )

   A. 0 　　　　B. 1 　　　　C. -1 　　　　D. 2

4. 通解为 $y = C_1 e^{2x} + C_2 x e^{2x}$ 的方程是 (   )

   A. $y'' + 4y' - 2y = 0$ 　　　　　B. $y'' - 4y' + 4y = 0$

   C. $y'' + 2y = 0$ 　　　　　　　　D. $(y' - 2y)^2 = 0$

5. 若 y_1, y_2, y_3 是 $y'' + P(x)y' + Q(x)y = R(x)$ 的三个相异的解，且 $\dfrac{y_1 - y_2}{y_2 - y_3}$ 不是常数，则方程的通解为 (   )

   A. $C_1 y_1 + C_2 y_2 + y_3$

   B. $C_1(y_1 - y_2) + C_2(y_2 - y_3) + y_1$

   C. $C_1(y_1 - y_2) + C_2(y_2 - y_3)$

   D. $C_1 y_1 + C_2 y_2 - (C_1 - C_2) y_3$

三、求下列微分方程的通解

1. $xy \, dy + dx = y^2 \, dx + y \, dy$.

2. $y' - 2xy = e^{x^2} \cos x$.

四、求下列微分方程的通解

1. $(2x\sin y + 3x^2 y)dx + (x^3 + x^2\cos y + y^2)dy = 0$.

2. $yy'' - (y')^2 = 0$.

五、求微分方程 $\dfrac{d^2 x}{dt^2} - 2\dfrac{dx}{dt} - 3x = 3t + 1$ 的通解.

六、设曲线 $y = f(x)$ 在原点与曲线 $y = x^3 - 3x^2$ 相切，且 $f(x)$ 满足关系式：$f'(x) + 2\int_0^x f(t)dt = -3f(x) - 3xe^{-x}$，求 $f(x)$ 的表达式.

12 无穷级数

12.1 内容提要与归纳

12.1.1 常数项级数及其敛散性

1) 常数项级数的基本概念

(1) 常数项级数的定义

由数列$\{u_n\}$构成的表达式$u_1+u_2+\cdots+u_n+\cdots$称为常数项级数(简称级数),记作$\sum\limits_{n=1}^{\infty}u_n$,其中$u_n$称为级数的通项,即

$$\sum_{n=1}^{\infty}u_n = u_1+u_2+\cdots+u_n+\cdots$$

称$s_n = \sum\limits_{k=1}^{n}u_k = u_1+u_2+\cdots+u_n$为级数$\sum\limits_{n=1}^{\infty}u_n$的前$n$项部分和.

(2) 级数的收敛与发散的定义

若级数$\sum\limits_{n=1}^{\infty}u_n$的部分和数列$\{s_n\}$收敛,即$\lim\limits_{n\to\infty}s_n = s$,则称级数$\sum\limits_{n=1}^{\infty}u_n$收敛,并称$s$是该级数的和,记作

$$s = \sum_{n=1}^{\infty}u_n = u_1+u_2+u_3+\cdots+u_n+\cdots$$

若部分和数列$\{s_n\}$发散,则称该级数发散.

2) 收敛级数的基本性质

① 若级数$\sum\limits_{n=1}^{\infty}u_n,\sum\limits_{n=1}^{\infty}v_n$都收敛,则对任意常数$k_1,k_2$,级数$\sum\limits_{n=1}^{\infty}(k_1u_n+k_2v_n)$亦收敛,且

$$\sum_{n=1}^{\infty}(k_1u_n+k_2v_n) = k_1\sum_{n=1}^{\infty}u_n + k_2\sum_{n=1}^{\infty}v_n$$

② 去掉、增加或改变级数的有限项,级数的敛散性不变.

③ 在收敛级数的项中任意加括号,级数的收敛性不变.

④ 级数 $\sum_{n=1}^{\infty} u_n$ 收敛的必要条件是 $\lim_{n\to\infty} u_n = 0$ (若 $\lim_{n\to\infty} u_n \neq 0$, 则级数 $\sum_{n=1}^{\infty} u_n$ 发散).

3) 常见的常数项级数类型

① 若 $u_n \geq 0 (n=1,2,\cdots)$, 则称级数 $\sum_{n=1}^{\infty} u_n$ 为正项级数.

② 设 $u_n > 0 (n \in \mathbf{N})$, 则称级数 $\sum_{n=1}^{\infty} (-1)^{n-1} u_n = u_1 - u_2 + u_3 - u_4 + \cdots$ 或 $\sum_{n=1}^{\infty} (-1)^n u_n = -u_1 + u_2 - u_3 + \cdots$ 为交错级数.

4) 正项级数审敛法

(1) 正项级数收敛的充要条件

正项级数 $\sum_{n=1}^{\infty} u_n$ 收敛的充要条件是部分和数列 $\{s_n\}$ 有上界.

(2) 比较审敛法

① 设 $\sum_{n=1}^{\infty} u_n, \sum_{n=1}^{\infty} v_n$ 是两个正项级数, 且 $u_n \leq cv_n (n \geq k, c > 0)$, 若 $\sum_{n=1}^{\infty} v_n$ 收敛, 则 $\sum_{n=1}^{\infty} u_n$ 收敛; 若 $\sum_{n=1}^{\infty} u_n$ 发散, 则 $\sum_{n=1}^{\infty} v_n$ 发散.

② 比较审敛法的极限形式: $\sum_{n=1}^{\infty} u_n, \sum_{n=1}^{\infty} v_n$ 是两个正项级数, 若 $\lim_{n\to\infty} \frac{u_n}{v_n} = l$, 则有

Ⅰ. 当 $0 < l < +\infty$ 时, $\sum_{n=1}^{\infty} u_n$ 与 $\sum_{n=1}^{\infty} v_n$ 同时收敛或同时发散;

Ⅱ. 当 $l = 0$ 且 $\sum_{n=1}^{\infty} v_n$ 收敛时, $\sum_{n=1}^{\infty} u_n$ 也收敛;

Ⅲ. 当 $l = +\infty$ 且 $\sum_{n=1}^{\infty} v_n$ 发散时, $\sum_{n=1}^{\infty} u_n$ 也发散.

(3) 比值审敛法

设 $\sum_{n=1}^{\infty} u_n$ 为正项级数, 若 $\lim_{n\to\infty} \frac{u_{n+1}}{u_n} = \rho$, 则当 $\rho < 1$ 时, 级数 $\sum_{n=1}^{\infty} u_n$ 收敛; 当 $\rho > 1$ 时, 级数 $\sum_{n=1}^{\infty} u_n$ 发散; 当 $\rho = 1$ 时, 级数 $\sum_{n=1}^{\infty} u_n$ 可能收敛, 也可能发散.

(4) 根值审敛法

设 $\sum_{n=1}^{\infty} u_n$ 为正项级数, 若 $\lim_{n\to\infty} \sqrt[n]{u_n} = \rho$, 则当 $\rho < 1$ 时, 级数 $\sum_{n=1}^{\infty} u_n$ 收敛; 当 $\rho > 1$ 时, 级数 $\sum_{n=1}^{\infty} u_n$ 发散; 当 $\rho = 1$ 时, 级数 $\sum_{n=1}^{\infty} u_n$ 可能收敛, 也可能发散.

5) 交错级数审敛法

(1) 莱布尼茨判别法

设 $\sum_{n=1}^{\infty}(-1)^{n+1}u_n$ 为交错级数,且满足条件

① $u_n > u_{n+1}$;

② $\lim_{n\to\infty}u_n = 0$,

则级数 $\sum_{n=1}^{\infty}(-1)^{n-1}u_n$ 收敛,且其和 s 满足 $0 < s \leqslant u_1$,余项有 $|r_n| \leqslant u_{n+1}$.

(2) 绝对收敛与条件收敛的定义

若级数 $\sum_{n=1}^{\infty}|u_n|$ 收敛,则称级数 $\sum_{n=1}^{\infty}u_n$ 绝对收敛;若级数 $\sum_{n=1}^{\infty}u_n$ 收敛,而级数 $\sum_{n=1}^{\infty}|u_n|$ 发散,则称级数 $\sum_{n=1}^{\infty}u_n$ 条件敛收.

6) 常用级数的敛散性

① 等比级数 $\sum_{n=0}^{\infty}aq^n$,当 $|q| < 1$ 时收敛,且和为 $\dfrac{a}{1-q}$;当 $|q| \geqslant 1$ 时发散.

② 调和级数 $\sum_{n=1}^{\infty}\dfrac{1}{n}$ 发散.

③ $p-$级数 $\sum_{n=1}^{\infty}\dfrac{1}{n^p}$,当 $p > 1$ 时收敛;当 $p \leqslant 1$ 时发散.

12.1.2 幂级数

1) 函数项级数及其收敛性定义

(1) 定义

设 $\{u_n(x)\}$ 是定义在 $I \subset \mathbf{R}$ 上的函数序列,则称

$$u_1(x) + u_2(x) + \cdots + u_n(x) + \cdots$$

为定义在区间 I 上的函数项级数,记作 $\sum_{n=1}^{\infty}u_n(x)$.

(2) 收敛点与收敛域

若 $x_0 \in I$,常数项级数 $\sum_{n=1}^{\infty}u_n(x_0)$ 收敛,则称 x_0 为级数 $\sum_{n=1}^{\infty}u_n(x)$ 的收敛点,否则称为发散点.函数项级数 $\sum_{n=1}^{\infty}u_n(x)$ 的所有收敛点的集合称为收敛域,所有发散点的集合称为发散域.

(3) 和函数

函数项级数在其收敛域内有和,其值是关于收敛点 x 的函数,记作 $s(x)$,$s(x)$

称为函数项级数 $\sum_{n=1}^{\infty} u_n(x)$ 的和函数,即 $s(x) = \sum_{n=1}^{\infty} u_n(x)$($x$ 属于收敛域).

2) 幂级数及其敛散性

(1) 定义

形如 $\sum_{n=0}^{\infty} a_n(x-x_0)^n$ 的函数项级数称为 $x-x_0$ 的幂级数,其中 $a_n(n=0,1,2,\cdots)$ 称为幂级数的项 $(x-x_0)^n$ 的系数. 当 $x_0 = 0$ 时,$\sum_{n=0}^{\infty} a_n x^n$ 称为 x 的幂级数.

(2) 阿贝尔(Able)定理

若幂级数 $\sum_{n=0}^{\infty} a_n x^n$ 在 $x = x_0 (x_0 \neq 0)$ 处收敛,则它在满足不等式 $|x| < |x_0|$ 的一切 x 处绝对收敛;若幂级数 $\sum_{n=0}^{\infty} a_n x^n$ 在 $x = x_0$ 处发散,则它在满足不等式 $|x| > |x_0|$ 的一切 x 处发散.

(3) 收敛区间与收敛半径

若存在 $R > 0$,当 $|x| < R$ 时,幂级数绝对收敛;当 $|x| > R$ 时,幂级数发散,则称 R 为幂级数 $\sum_{n=0}^{\infty} a_n x^n$ 的收敛半径,$(-R, R)$ 为其收敛区间. 当 $x = R$ 与 $x = -R$ 时,幂级数可能收敛,也可能发散.

(4) 收敛半径的求法

设 $\sum_{n=0}^{\infty} a_n x^n$,其收敛半径为 R,若 $\lim_{n \to \infty} \left| \frac{a_{n+1}}{a_n} \right| = \rho$(或 $\lim_{n \to \infty} \sqrt[n]{|a_n|} = \rho$),

则 $R = \begin{cases} \dfrac{1}{\rho}, & 0 < \rho < \infty \\ 0, & \rho = +\infty \\ +\infty, & \rho = 0 \end{cases}$.

(5) 幂级数的运算性质

若幂级数 $\sum_{n=0}^{\infty} a_n x^n$ 与 $\sum_{n=0}^{\infty} b_n x^n$ 的收敛半径分别为 R_1 和 R_2,且 $R_1 \neq R_2$,令 $R = \min\{R_1, R_2\}$,则有

① $k \sum_{n=1}^{\infty} a_n x^n = \sum_{n=1}^{\infty} k a_n x^n$,$|x| < R_1$,其中 k 为常数.

② $\sum_{n=0}^{\infty} a_n x^n \pm \sum_{n=0}^{\infty} b_n x^n = \sum_{n=0}^{\infty} (a_n \pm b_n) x^n$,$|x| < R$.

③ $\left(\sum_{n=0}^{\infty} a_n x^n \right) \left(\sum_{n=0}^{\infty} b_n x^n \right) = \sum_{n=0}^{\infty} c_n x^n$,$|x| < R$(其中 $c_n = \sum_{k=0}^{n} a_k b_{n-k}$).

(6) 幂级数的分析运算

设 $\sum\limits_{n=0}^{\infty} a_n x^n$ 的收敛半径为 $R(R>0)$，则在 $(-R, R)$ 内有

① 和函数 $s(x) = \sum\limits_{n=0}^{\infty} a_n x^n$ 在收敛域上连续. 若 $\sum\limits_{n=0}^{\infty} a_n x^n$ 在端点 $x=R$（或 $x=-R$）处收敛，则 $s(x)$ 在 $x=R$ 处左连续（或在 $x=-R$ 处右连续）.

② 和函数 $s(x) = \sum\limits_{n=0}^{\infty} a_n x^n$ 在收敛区间内可导，且有逐项求导公式

$$s'(x) = \left(\sum_{n=0}^{\infty} a_n x^n\right)' = \sum_{n=1}^{\infty} n a_n x^{n-1}$$

③ 和函数 $s(x) = \sum\limits_{n=0}^{\infty} a_n x^n$ 在收敛域上可积，且有逐项求积公式

$$\int_0^x s(t) \mathrm{d}t = \sum_{n=0}^{\infty} \int_0^x a_n t^n \mathrm{d}t = \sum_{n=0}^{\infty} \frac{a_n}{n+1} x^{n+1}$$

其中 x 是收敛域上任一点.

3) 函数展开成幂级数

(1) 泰勒级数

若 $f(x)$ 在点 x_0 处任意阶可导，则幂级数 $\sum\limits_{n=0}^{\infty} \frac{f^{(n)}(x_0)}{n!}(x-x_0)^n$ 称为函数在点 x_0 处的泰勒级数. 特别地，若 $x_0=0$，则级数 $\sum\limits_{n=0}^{\infty} \frac{f^{(n)}(0)}{n!} x^n$ 称为函数 $f(x)$ 的麦克劳林级数.

(2) 函数 $f(x)$ 展开成泰勒级数的充要条件

设 $f(x)$ 在点 x_0 的 $U(x_0, \delta)$ 内有任意阶导数，则 $f(x)$ 在点 x_0 处能展开成泰勒级数 $\sum\limits_{n=0}^{\infty} \frac{f^{(n)}(x_0)}{n!}(x-x_0)^n$ 的充要条件是 $\lim\limits_{n \to \infty} R_n(x) = 0$，其中 $R_n(x) = \frac{f^{(n+1)}[x_0 + \theta(x-x_0)]}{(n+1)!}(x-x_0)^{n+1}$ $(0 < \theta < 1)$，且展开式是唯一的.

(3) 常用函数的幂级数展开式

① $\mathrm{e}^x = 1 + x + \frac{1}{2!}x^2 + \cdots + \frac{1}{n!}x^n + \cdots, x \in (-\infty, +\infty)$.

② $\cos x = 1 - \frac{1}{2!}x^2 + \frac{1}{4!}x^4 - \cdots + (-1)^n \frac{x^{2n}}{(2n)!} + \cdots, x \in (-\infty, +\infty)$.

③ $\sin x = x - \frac{1}{3!}x^3 + \frac{1}{5!}x^5 - \cdots + (-1)^n \frac{x^{2n+1}}{(2n+1)!} + \cdots, x \in (-\infty, +\infty)$.

④ $\frac{1}{1+x} = 1 - x + x^2 + \cdots + (-1)^n x^n + \cdots (-1 < x < 1)$.

⑤ $\dfrac{1}{1-x} = 1 + x + x^2 + \cdots + x^n + \cdots (-1 < x < 1)$.

（4）函数展开成幂级数的方法

① 直接法：利用高阶导数计算系数 $a_n = \dfrac{f^{(n)}(x_0)}{n!}$，由此写出 $f(x)$ 的泰勒级数，并证明 $\lim\limits_{n \to \infty} R_n(x) = 0$，则可得 $f(x)$ 的泰勒展开式.

② 间接法：根据泰勒展开式的唯一性，一般利用常用函数的幂级数展开式，通过变量代数、四则运算、恒等变形、逐项求导、逐项积分等方法，求出 $f(x)$ 的幂级数展开式.

12.1.3 傅里叶级数的定义及其敛散性

1）以 2π 为周期的周期函数的傅里叶级数

（1）狄利克雷收敛定理

设 $f(x)$ 是以 2π 为周期的周期函数，若 $f(x)$ 在一个周期内满足：连续或只有有限个第一类间断点，且至多只有有限个极值点，则 $f(x)$ 的傅里叶级数 $\dfrac{a_0}{2} + \sum\limits_{n=1}^{\infty}(a_n \cos nx + b_n \sin nx)$ 收敛，且

① 当 x 是 $f(x)$ 的连续点时，级数收敛于 $f(x)$；

② 当 x 是 $f(x)$ 的间断点时，级数收敛于 $\dfrac{f(x^-) + f(x^+)}{2}$.

其中
$$a_n = \dfrac{1}{\pi}\int_{-\pi}^{\pi} f(x)\cos nx\, dx, \quad n = 0, 1, 2, \cdots$$
$$b_n = \dfrac{1}{\pi}\int_{-\pi}^{\pi} f(x)\sin nx\, dx, \quad n = 1, 2, \cdots$$

称为函数 $f(x)$ 的傅里叶系数.

（2）正弦级数与余弦级数

① 当 $f(x)$ 是周期为 2π 的奇函数时，可得
$$a_n = 0 \quad (n = 0, 1, 2, \cdots), \quad b_n = \dfrac{2}{\pi}\int_0^{\pi} f(x)\sin nx\, dx \quad (n = 1, 2, \cdots)$$

则 $f(x)$ 的傅里叶级数是正弦级数 $\sum\limits_{n=1}^{\infty} b_n \sin nx$.

② 若 $f(x)$ 是周期为 2π 的偶函数时，可得
$$a_n = \dfrac{2}{\pi}\int_0^{\pi} f(x)\cos nx\, dx \quad (n = 0, 1, 2, \cdots), \quad b_n = 0 \; (n = 1, 2, \cdots)$$

则 $f(x)$ 的傅里叶级数是余弦级数 $\dfrac{a_0}{2} + \sum\limits_{n=1}^{\infty} a_n \cos nx$.

(3) 非周期函数的傅里叶级数及其敛散性

① 将定义在 $(-\pi, \pi)$ 上的函数 $f(x)$ 展开成傅里叶级数:设 $f(x)$ 在 $(-\pi, \pi)$ 上满足狄利克雷收敛定理的两个充分条件,先对 $f(x)$ 在 $(-\infty, \infty)$ 上作 $T = 2\pi$ 的周期延拓得到 $T = 2\pi$ 的周期函数 $F(x)$,求得 $F(x)$ 的傅里叶级数,再将 x 限制在 $(-\pi, \pi)$,则可得 $f(x)$ 在 $(-\pi, \pi)$ 上的傅里叶级数

$$f(x) \sim \frac{a_0}{2} + \sum_{n=1}^{\infty}(a_n \cos nx + b_n \sin nx) \quad x \in (-\pi, \pi)$$

Ⅰ. 当 x 是 $f(x)$ 的连续点时,级数收敛于 $f(x)$;

Ⅱ. 当 x 是 $f(x)$ 的间断点时,级数收敛于 $\dfrac{f(x^-) + f(x^+)}{2}$.

其中

$$a_n = \frac{2}{\pi} \int_0^{\pi} f(x) \cos nx \, dx, \quad n = 0, 1, 2, \cdots$$

$$b_n = \frac{2}{\pi} \int_0^{\pi} f(x) \sin nx \, dx, \quad n = 1, 2, \cdots$$

② 将定义在 $(0, \pi)$ 上的函数 $f(x)$ 展开成傅里叶级数:设 $f(x)$ 在 $(0, \pi)$ 上满足狄利克雷收敛定理的两个充分条件,则先对 $f(x)$ 在 $(-\pi, \pi)$ 作奇(或偶)延拓,再作 $T = 2\pi$ 的周期延拓,得到 $T = 2\pi$ 的周期函数 $F(x)$ 且为奇(或偶)函数,求得 $F(x)$ 的傅里叶级数为正弦级数(或余弦级数),然后将 x 限制在 $(0, \pi)$,则可得 $f(x)$ 在 $(0, \pi)$ 上的正弦级数(或余弦级数)

$$f(x) \sim \sum_{n=1}^{\infty} b_n \sin nx, \text{其中} b_n = \frac{2}{\pi} \int_0^{\pi} f(x) \sin nx \, dx \quad (n = 1, 2, 3, \cdots)$$

或 $f(x)$ 在 $(0, \pi)$ 上的余弦级数

$$f(x) \sim \frac{a_0}{2} + \sum_{n=1}^{\infty} a_n \cos nx, \text{其中} a_n = \frac{2}{\pi} \int_0^{\pi} f(x) \cos nx \, dx (n = 0, 1, 2, \cdots)$$

2) 周期为 $2l$ 的函数的傅里叶级数

设 $f(x)$ 是以 $2l$ 为周期的函数,且在 $[-l, l]$ 上满足狄利克雷收敛定理的两个充分条件,则它的傅里叶级数展开式为

$$f(x) = \frac{a_0}{2} + \sum_{n=1}^{\infty} \left(a_n \cos \frac{n\pi x}{l} + b_n \sin \frac{n\pi x}{l} \right) \quad (x \text{ 是 } f(x) \text{ 的连续点})$$

其中

$$a_n = \frac{1}{l} \int_{-l}^{l} f(x) \cos \frac{n\pi x}{l} dx \quad (n = 0, 1, 2, \cdots)$$

$$b_n = \frac{1}{l} \int_{-l}^{l} f(x) \sin \frac{n\pi x}{l} dx \quad (n = 1, 2, 3, \cdots)$$

12.2 典型例题分析

例1 以下命题是否正确?若正确,给出证明;若错误,给出反例.

(1) 若 $\sum\limits_{n=1}^{\infty} u_n$ 收敛,$\sum\limits_{n=1}^{\infty} v_n$ 发散,则 $\sum\limits_{n=1}^{\infty} (u_n + v_n)$ 必发散.

(2) 若 $\sum\limits_{n=1}^{\infty} u_n$ 发散,则 $\sum\limits_{n=1}^{\infty} (u_n + 0.001)$ 必发散.

解 (1) $\sum\limits_{n=1}^{\infty} (u_n + v_n)$ 是发散的.

证明:假设 $\sum\limits_{n=1}^{\infty} (u_n + v_n)$ 是收敛的,由于 $\sum\limits_{n=1}^{\infty} u_n$ 收敛,则由收敛级数的性质可得

$$\sum_{n=1}^{\infty} v_n = \sum_{n=1}^{\infty} [(u_n + v_n) - u_n]$$

收敛,与已知 $\sum\limits_{n=1}^{\infty} v_n$ 发散矛盾,所以 $\sum\limits_{n=1}^{\infty} (u_n + v_n)$ 发散.

(2) 不正确. 例如取 $u_n = -0.001$,则 $\sum\limits_{n=1}^{\infty} u_n$ 发散,但 $\sum\limits_{n=1}^{\infty} (u_n + 0.001) = 0$ 收敛.

例2 判定下列级数的敛散性:

(1) $\sum\limits_{n=1}^{\infty} 3^n \tan \dfrac{\pi}{5^n}$. (2) $\sum\limits_{n=1}^{\infty} \ln\left(1 + \dfrac{1}{n^2}\right)$.

解 利用比较审敛法的极限形式求解.

(1) 由于 $\lim\limits_{n \to \infty} \dfrac{3^n \tan \dfrac{\pi}{5^n}}{\left(\dfrac{3}{5}\right)^n} = \lim\limits_{n \to \infty} \dfrac{3^n \dfrac{\pi}{5^n}}{\left(\dfrac{3}{5}\right)^n} = \pi$,而 $\sum\limits_{n=1}^{\infty} \left(\dfrac{3}{5}\right)^n$ 收敛,故 $\sum\limits_{n=1}^{\infty} 3^n \tan \dfrac{\pi}{5^n}$ 收敛.

(2) 由于 $\ln\left(1 + \dfrac{1}{n^2}\right) \sim \dfrac{1}{n^2}$,而 $\sum\limits_{n=1}^{\infty} \dfrac{1}{n^2}$ 收敛,故 $\sum\limits_{n=1}^{\infty} \ln\left(1 + \dfrac{1}{n^2}\right)$ 收敛.

> **小结**:利用正项级数比较法的极限形式时,常取与 u_n 同阶或等价的无穷小量作为 v_n.

例3 判定下列级数的敛散性:

(1) $\sum\limits_{n=1}^{\infty} n^3 \sin \dfrac{\pi}{2^n}$. (2) $\sum\limits_{n=1}^{\infty} \dfrac{4^n n!}{n^n}$.

解 利用比值审敛法求解.

(1) 因 $\rho = \lim\limits_{n\to\infty}\dfrac{u_{n+1}}{u_n} = \lim\limits_{n\to\infty}\dfrac{(n+1)^3\sin\dfrac{\pi}{2^{n+1}}}{n^3\sin\dfrac{\pi}{2^n}} = \dfrac{1}{2} < 1$,故 $\sum\limits_{n=1}^{\infty} n^3\sin\dfrac{\pi}{2^n}$ 收敛.

(2) 因 $\rho = \lim\limits_{n\to\infty}\dfrac{u_{n+1}}{u_n} = \lim\limits_{n\to\infty}\dfrac{4^{n+1}(n+1)!}{(n+1)^{n+1}}\cdot\dfrac{n^n}{4^n n!} = \lim\limits_{n\to\infty}4\left(\dfrac{n}{n+1}\right)^n$

$= \lim\limits_{n\to\infty}4\dfrac{1}{\left(1+\dfrac{1}{n}\right)^n} = \dfrac{4}{e} > 1$,

故 $\sum\limits_{n=1}^{\infty}\dfrac{4^n n!}{n^n}$ 发散.

小结:若级数的一般项中含有 $\ln^\alpha n, n^\beta, a^n, n!, n^n$ 之中的两个及以上的因子时,常用比值审敛法.

例 4 判定下列级数的敛散性:

(1) $\sum\limits_{n=1}^{\infty}\left(\dfrac{n}{3n-1}\right)^n$.   (2) $\sum\limits_{n=1}^{\infty}(\sqrt[n]{n}-1)^n$.

解 利用根值审敛法求解.

(1) 因 $\rho = \lim\limits_{n\to\infty}\sqrt[n]{u_n} = \lim\limits_{n\to\infty}\dfrac{n}{3n-1} = \dfrac{1}{3} < 1$,所以 $\sum\limits_{n=1}^{\infty}\left(\dfrac{n}{3n-1}\right)^n$ 收敛.

(2) 因 $\rho = \lim\limits_{n\to\infty}\sqrt[n]{u_n} = \lim\limits_{n\to\infty}(\sqrt[n]{n}-1) = 0 < 1$,所以 $\sum\limits_{n=1}^{\infty}(\sqrt[n]{n}-1)^n$ 收敛.

例 5 判定下列级数的敛散性:

(1) $\sum\limits_{n=1}^{\infty}(-1)^{n-1}\dfrac{1}{\sqrt{n+1}}$.   (2) $\sum\limits_{n=1}^{\infty}(-1)^{n-1}\dfrac{\ln n}{\sqrt{n}}$.

解 利用交错级数的莱布尼茨判别法求解.

(1) 令 $u_n = \dfrac{1}{\sqrt{n+1}}$,则有

$$u_{n+1} = \dfrac{1}{\sqrt{n+2}} \leqslant u_n = \dfrac{1}{\sqrt{n+1}}$$

$$\lim\limits_{n\to\infty} u_n = \lim\limits_{n\to\infty}\dfrac{1}{\sqrt{n+1}} = 0$$

由莱布尼茨判别法得:交错级数 $\sum\limits_{n=1}^{\infty}(-1)^{n-1}\dfrac{1}{\sqrt{n+1}}$ 收敛.

(2) 先讨论数列 $\left\{\dfrac{\ln n}{\sqrt{n}}\right\}$ 的单调性. 设 $f(x) = \dfrac{\ln x}{\sqrt{x}}$,则 $f'(x) = \dfrac{2-\ln x}{2x\sqrt{x}} < 0 (x > $

e^2),故 $f(x) = \dfrac{\ln x}{\sqrt{x}}$ 当 $x \geqslant 9$ 时单调减少,则数列 $\left\{\dfrac{\ln n}{\sqrt{n}}\right\}$ 从 $n \geqslant 9$ 开始递减.

又由于 $\lim\limits_{x \to \infty} \dfrac{\ln x}{\sqrt{x}} = \lim\limits_{x \to \infty} \dfrac{\dfrac{1}{x}}{\dfrac{1}{2\sqrt{x}}} = \lim\limits_{x \to \infty} \dfrac{2}{\sqrt{x}} = 0$,故 $\lim\limits_{n \to \infty} \dfrac{\ln n}{\sqrt{n}} = 0$.

所以由莱布尼茨判别法得 $\sum\limits_{n=1}^{\infty} (-1)^{n-1} \dfrac{\ln n}{\sqrt{n}}$ 收敛.

小结:(1) 交错级数敛散性常用莱布尼茨判别法来判定.
　　(2) 当数列的单调性不容易得出时可利用导数的符号判定其单调性.

例 6 判定级数 $\sum\limits_{n=1}^{\infty} (-1)^{n-1} (\sqrt{n+1} - \sqrt{n})$ 的敛散性,若收敛,是绝对收敛还是条件收敛?

解 因为 $\sum\limits_{n=1}^{\infty} |(-1)^{n-1}(\sqrt{n+1} - \sqrt{n})| = \sum\limits_{n=1}^{\infty} (\sqrt{n+1} - \sqrt{n}) = \sum\limits_{n=1}^{\infty} \dfrac{1}{\sqrt{n+1} + \sqrt{n}}$,

由于 $0 < \dfrac{1}{\sqrt{n+1} + \sqrt{n}} < \dfrac{1}{2\sqrt{n}}$,而 $\sum\limits_{n=1}^{\infty} \dfrac{1}{2\sqrt{n}}$ 发散,所以 $\sum\limits_{n=1}^{\infty} |(-1)^{n-1}(\sqrt{n+1} - \sqrt{n})|$ 发散.

又因为

$$\lim_{n \to \infty} u_n = \lim_{n \to \infty} (\sqrt{n+1} - \sqrt{n}) = \lim_{n \to \infty} \dfrac{1}{\sqrt{n+1} + \sqrt{n}} = 0$$

$$u_n - u_{n+1} = (\sqrt{n+1} - \sqrt{n}) - (\sqrt{n+2} - \sqrt{n+1})$$

$$= \dfrac{1}{\sqrt{n+1} + \sqrt{n}} - \dfrac{1}{\sqrt{n+2} + \sqrt{n+1}}$$

$$= \dfrac{\sqrt{n+2} - \sqrt{n}}{(\sqrt{n+1} + \sqrt{n})(\sqrt{n+2} + \sqrt{n+1})} > 0$$

即

$$u_n > u_{n+1}$$

故由莱布尼茨判别法得 $\sum\limits_{n=1}^{\infty} (-1)^{n-1} (\sqrt{n+1} - \sqrt{n})$ 收敛.

综上讨论得原级数条件收敛.

小结: 判定任意项级数敛散性的一般步骤为:
　　(1) 先考察级数收敛的必要条件: $\lim\limits_{n \to \infty} u_n = 0$. 当 $\lim\limits_{n \to \infty} u_n \neq 0$ 时,原级数发散;当 $\lim\limits_{n \to \infty} u_n = 0$ 时,原级数可能收敛,其收敛性由下面的步骤来判定.

> (2) 再判定正项级数 $\sum_{n=1}^{\infty} |u_n|$ 是否收敛,若收敛,则 $\sum_{n=1}^{\infty} u_n$ 为绝对收敛;
> 若 $\sum_{n=1}^{\infty} |u_n|$ 发散,再看原级数是否条件收敛.
>
> (3) 最后,若原级数为交错级数,常用莱布尼茨判定法判别原级数是否收敛,若收敛,则原级数是条件收敛.

例7 求下列幂级数的收敛半径与收敛域.

(1) $\sum_{n=1}^{\infty} \frac{3^n}{n} x^n$.   (2) $\sum_{n=1}^{\infty} \frac{2^n}{n+1}(x-2)^n$.

解 (1) $\rho = \lim_{n\to\infty} \left| \frac{a_{n+1}}{a_n} \right| = \lim_{n\to\infty} \frac{3^{n+1}}{3^n} \cdot \frac{n}{n+1} = 3$,故 $R = \frac{1}{3}$.

当 $x = \frac{1}{3}$ 时,原级数化为 $\sum_{n=1}^{\infty} \frac{1}{n}$,而 $\sum_{n=1}^{\infty} \frac{1}{n}$ 发散;

当 $x = -\frac{1}{3}$ 时,原级数化为 $\sum_{n=1}^{\infty} \frac{(-1)^n}{n}$,而 $\sum_{n=1}^{\infty} \frac{(-1)^n}{n}$ 收敛.

因此原级数的收敛半径为 $R = \frac{1}{3}$,收敛域为 $\left[-\frac{1}{3}, \frac{1}{3} \right)$.

(2) $\rho = \lim_{n\to\infty} \left| \frac{a_{n+1}}{a_n} \right| = \lim_{n\to\infty} \frac{2^{n+1}}{n+2} \cdot \frac{n+1}{2^n} = 2$,故 $R = \frac{1}{2}$.

在 $x - 2 = \frac{1}{2}$ 即 $x = \frac{5}{2}$ 处,原级数化为 $\sum_{n=1}^{\infty} \frac{1}{n+1}$,发散;

在 $x - 2 = -\frac{1}{2}$ 即 $x = \frac{3}{2}$ 处,原级数化为 $\sum_{n=1}^{\infty} \frac{(-1)^n}{n+1}$,收敛.

所以原级数的收敛半径为 $R = \frac{1}{2}$,收敛域为 $\left[\frac{3}{2}, \frac{5}{2} \right)$.

例8 求级数 $\sum_{n=1}^{\infty} (-1)^n \frac{(x-2)^{2n+1}}{2n+1}$ 的收敛域.

解 令 $x - 2 = t$,考虑级数 $\sum_{n=1}^{\infty} (-1)^n \frac{t^{2n+1}}{2n+1}$. 由于

$$\rho = \lim_{n\to\infty} \left| \frac{\frac{t^{2n+3}}{2n+3}}{\frac{t^{2n+1}}{2n+1}} \right| = t^2$$

由比值判别法可知:

当 $\rho = t^2 < 1$ 即 $|t| < 1$ 时,亦即 $1 < x < 3$ 时,原级数绝对收敛;

当 $\rho = |t|^2 > 1$ 即 $|t| > 1$ 时,亦即 $x > 3$ 或 $x < 1$ 时,原级数发散;

当 $t=-1$ 即 $x=1$ 时,级数化为 $\sum_{n=0}^{\infty}(-1)^{n+1}\frac{1}{2n+1}$,它是收敛的;

当 $t=1$ 即 $x=3$ 时,级数化为 $\sum_{n=0}^{\infty}(-1)^n\frac{1}{2n+1}$,它是收敛的,

故原级数的半径为 $R=1$,收敛域为 $[1,3]$.

> **小结**:(1) 若幂级数属于 $\sum_{n=0}^{\infty}a_n x^n$ 或 $\sum_{n=0}^{\infty}a_n(x-x_0)^n$ 的形式,其收敛半径可按公式 $\dfrac{1}{R}=\lim_{n\to\infty}\left|\dfrac{a_{n+1}}{a_n}\right|$ 求得.
>
> (2) 若幂级数不属于上面的形式,即它是缺项(如缺奇次或偶次项)的幂级数,则可用比值审敛法求得.

例 9 求下列幂级数的和函数.

(1) $\sum_{n=1}^{\infty}n x^n$. (2) $\sum_{n=1}^{\infty}\dfrac{n^2}{n!}x^n$.

解 (1) $\rho=\lim_{n\to\infty}\left|\dfrac{a_{n+1}}{a_n}\right|=\lim_{n\to\infty}\dfrac{n+1}{n}=1$,故收敛半径为 $R=\dfrac{1}{\rho}=1$.

当 $x=\pm 1$ 时级数化为 $\sum_{n=1}^{\infty}(\pm 1)^n n$,它是发散的,故幂级数的收敛域为 $(-1,1)$.

当 $x\in(-1,1)$ 时,令 $S(x)=\sum_{n=1}^{\infty}n x^n$,则

$$S(x)=\sum_{n=1}^{\infty}n x^n = x\sum_{n=1}^{\infty}n x^{n-1}=x\sum_{n=1}^{\infty}(x^n)'$$
$$=x\left(\sum_{n=1}^{\infty}x^n\right)'=x\left(\dfrac{x}{1-x}\right)'=\dfrac{x}{(1-x)^2}$$

即

$$\sum_{n=1}^{\infty}n x^n=\dfrac{x}{(1-x)^2},\quad x\in(-1,1)$$

(2) 由

$$\rho=\lim_{n\to\infty}\left|\dfrac{a_{n+1}}{a_n}\right|=\lim_{n\to\infty}\dfrac{(n+1)^2}{(n+1)!}\cdot\dfrac{n!}{n^2}=\lim_{n\to\infty}\dfrac{n+1}{n^2}=0$$

得 $R=\dfrac{1}{\rho}=+\infty$,故原幂级数的收敛域为 $(-\infty,+\infty)$.

设幂级数的和函数为 $s(x)=\sum_{n=1}^{\infty}\dfrac{n^2}{n!}x^n,x\in(-\infty,+\infty)$,则 $s(x)=x\sum_{n=1}^{\infty}\dfrac{n}{(n-1)!}x^{n-1}=xf(x)$,其中 $f(x)=\sum_{n=1}^{\infty}\dfrac{n}{(n-1)!}x^{n-1}$.

由于
$$\int_0^x f(x)\mathrm{d}x = \sum_{n=1}^{\infty} \frac{n}{(n-1)!}\int_0^x x^{n-1}\mathrm{d}x = \sum_{n=1}^{\infty} \frac{1}{(n-1)!}x^n = x\sum_{n=1}^{\infty} \frac{x^{n-1}}{(n-1)!} = x\mathrm{e}^x$$
故 $f(x) = (x\mathrm{e}^x)' = \mathrm{e}^x(x+1)$.

所以原级数的和函数为
$$s(x) = xf(x) = x(x+1)\mathrm{e}^x, \quad x \in (-\infty, +\infty)$$

小结: (1) 求幂级数的和函数,首先要牢记几个常用的初等函数的幂级数展开式.

(2) 其次根据幂级数的特点及它与已知和函数的幂级数之间的联系,确定用恒等变形、逐项求导法还是用逐项积分法来求所给幂级数的和函数.

例 10 将下列函数展开成 x 的幂级数.

(1) $\dfrac{1}{x^2+4x+3}$. (2) $\dfrac{1}{(2-x)^2}$.

解 (1) $\dfrac{1}{x^2+4x+3} = \dfrac{1}{2}\left(\dfrac{1}{x+1} - \dfrac{1}{x+3}\right) = \dfrac{1}{2}\left[\dfrac{1}{1+x} - \dfrac{1}{3\left(1+\dfrac{x}{3}\right)}\right]$

$= \dfrac{1}{2}\left[\sum_{n=0}^{\infty}(-1)^n x^n - \sum_{n=0}^{\infty}(-1)^n \dfrac{x^n}{3^{n+1}}\right]$

$= \sum_{n=0}^{\infty}(-1)^n \dfrac{1}{2}\left(1 - \dfrac{1}{3^{n+1}}\right)x^n$

这时 x 满足:$\begin{cases} |x|<1 \\ |x|<3 \end{cases}$,解得:$|x|<1$,故

$$\frac{1}{x^2+4x+3} = \sum_{n=0}^{\infty}(-1)^n \frac{1}{2}\left(1 - \frac{1}{3^{n+1}}\right)x^n, \quad x \in (-1,1)$$

(2) 利用导数运算先将原函数化为分母为一次的分式的导数,再利用分母为一次的分式函数的幂级数,然后利用幂级数的逐项求导性质即可得原函数的幂级数展开式.

$$\frac{1}{(2-x)^2} = \left(\frac{1}{2-x}\right)' = \left(\frac{1}{2}\frac{1}{1-\dfrac{x}{2}}\right)'$$

由
$$\frac{1}{1-\dfrac{x}{2}} = \sum_{n=0}^{\infty}\left(\frac{x}{2}\right)^n \quad \left(\left|\frac{x}{2}\right|<1\right)$$

得

$$\frac{1}{(2-x)^2} = \left(\frac{1}{2}\frac{1}{1-\frac{x}{2}}\right)' = \frac{1}{2}\left[\sum_{n=0}^{\infty}\left(\frac{x}{2}\right)^n\right]'$$

$$= \frac{1}{2}\sum_{n=1}^{\infty}\frac{nx^{n-1}}{2^n} = \sum_{n=1}^{\infty}\frac{nx^{n-1}}{2^{n+1}}, \quad x \in (-2,2)$$

例 11 将函数 $f(x) = \dfrac{1}{x^2+3x+2}$ 展开成 $(x+4)$ 的幂级数.

解 $f(x) = \dfrac{1}{(x+2)(x+1)} = \dfrac{1}{(x+1)} - \dfrac{1}{(x+2)}$

$$= -\frac{1}{3} \cdot \frac{1}{1-\left(\frac{x+4}{3}\right)} + \frac{1}{2} \cdot \frac{1}{1-\left(\frac{x+4}{2}\right)}$$

$$= -\frac{1}{3}\sum_{n=0}^{\infty}\left(\frac{x+4}{3}\right)^n + \frac{1}{2}\sum_{n=0}^{\infty}\left(\frac{x+4}{2}\right)^n$$

$$= \sum_{n=0}^{\infty}\left(-\frac{1}{3^{n+1}} + \frac{1}{2^{n+1}}\right)(x+4)^n, 其中 x \in (-6,-2)$$

小结:(1) 求函数的幂级数展开式,首先要牢记几个常用的初等函数的幂级数展开式.

(2) 其次根据函数的特点,利用恒等变形或微积分方法将它化为这几个常用的已知其幂级数展开式的初等函数的关系式,再利用其幂级数展开式以及幂级数的运算性质从而求得所给函数的幂级数展开式及其收敛域.

例 12 设函数 $f(x)$ 以 2π 为周期,且在 $[-\pi,\pi]$ 上表达式为 $\begin{cases} x-1, & -\pi \leqslant x < 0 \\ 2, & 0 \leqslant x < \pi \end{cases}$,设 $f(x)$ 的傅里叶级数的和函数为 $s(x)$,求 $s(0), s(1), s(-\pi)$ 的值.

解 由傅里叶级数的狄利克雷收敛定理得

$$s(0) = \frac{f(0^+) + f(0^-)}{2} = \frac{1}{2}, \quad s(1) = f(1) = 2$$

$$s(-\pi) = \frac{f(-\pi^+) + f(-\pi^-)}{2} = \frac{f(-\pi^+) + f(\pi^-)}{2}$$

$$= \frac{-\pi - 1 + 2}{2} = \frac{1-\pi}{2}$$

例 13 设 $f(x)$ 是周期为 2π 的周期函数,它在 $[-\pi,\pi)$ 上的表达式为

$$f(x) = \begin{cases} 1 + \dfrac{2x}{\pi}, & -\pi \leqslant x < 0 \\ 1 - \dfrac{2x}{\pi}, & 0 \leqslant x < \pi \end{cases}$$

求 $f(x)$ 的傅里叶级数展开式.

解 先计算傅里叶系数.

$$a_n = \frac{1}{\pi}\int_{-\pi}^{0}\left(1+\frac{2x}{\pi}\right)\cos nx\,dx + \frac{1}{\pi}\int_{0}^{\pi}\left(1-\frac{2x}{\pi}\right)\cos nx\,dx$$

$$= \frac{2}{\pi}\int_{0}^{\pi}\cos nx\,dx + \frac{2}{\pi^2}\int_{-\pi}^{0}x\cos nx\,dx - \frac{2}{\pi^2}\int_{0}^{\pi}x\cos nx\,dx$$

$$= \frac{4}{\pi^2 n^2}(1-\cos n\pi) = \begin{cases} \dfrac{8}{\pi^2 n^2}, & n=1,3,5,\cdots \\ 0, & n=2,4,6,\cdots \end{cases}$$

$$a_0 = \frac{1}{\pi}\int_{-\pi}^{0}\left(1+\frac{2x}{\pi}\right)dx + \frac{1}{\pi}\int_{0}^{\pi}\left(1-\frac{2x}{\pi}\right)dx = 0$$

$$b_n = \frac{1}{\pi}\int_{-\pi}^{0}\left(1+\frac{2x}{\pi}\right)\sin nx\,dx + \frac{1}{\pi}\int_{0}^{\pi}\left(1-\frac{2x}{\pi}\right)\sin nx\,dx$$

$$= \frac{1}{\pi}\int_{-\pi}^{\pi}\sin nx\,dx + \frac{2}{\pi^2}\int_{-\pi}^{0}x\sin nx\,dx - \frac{2}{\pi^2}\int_{0}^{\pi}x\sin nx\,dx$$

$$= \frac{4}{\pi n}\cos n\pi = (-1)^n\frac{4}{\pi n},\ n=1,2,3,\cdots$$

故 $f(x) = \left(\dfrac{8}{\pi^2}\sin x - \dfrac{4}{\pi}\cos x\right) + \dfrac{4}{\pi}\cdot\dfrac{1}{2}\sin 2x + \left(\dfrac{8}{\pi^2}\cdot\dfrac{1}{3^2}\sin 3x - \dfrac{4}{\pi}\cdot\dfrac{1}{3}\cos 3x\right)$

$\qquad + \dfrac{4}{\pi}\cdot\dfrac{1}{4}\sin 4x + \left(\dfrac{8}{\pi^2}\cdot\dfrac{1}{5^2}\sin 5x - \dfrac{4}{\pi}\cdot\dfrac{1}{5}\cos 5x\right) + \cdots$

$\qquad (-\infty < x < +\infty)$

例 14 将函数 $f(x) = 1(0 \leqslant x \leqslant \pi)$ 展开成正弦级数,并求常数项级数 $\sum_{n=1}^{\infty}(-1)^{n-1}\dfrac{1}{2n-1}$ 的和.

解 先将 $f(x)$ 进行 $-\pi < x < 0$ 上的奇延拓,再进行 $T=2\pi$ 的周期延拓为函数 $G(X)$,则

$$G(X) = f(x) = 1 \quad (0 < x \leqslant \pi)$$

显然 $G(X)$ 满足收敛定理的条件,则

$$a_n = 0 \quad (n=0,1,2,\cdots)$$

$$b_n = \frac{2}{\pi}\int_{0}^{\pi}\sin nx\,dx = \frac{2}{n\pi}[1-(-1)^n]$$

故 $f(x)$ 的正弦级数为

$$f(x) = \sum_{n=1}^{\infty}\frac{2}{n\pi}[1-(-1)^n]\sin nx, \quad 0 < x < \pi$$

在上式中,令 $x = \dfrac{\pi}{2}$,得

$$1 = \sum_{n=1}^{\infty} \frac{2}{n\pi}[1-(-1)^n]\sin\frac{n\pi}{2}$$

令 $n = 2k - 1$，即得

$$1 = \sum_{k=1}^{\infty} (-1)^{k-1} \frac{4}{(2k-1)\pi}$$

即

$$\sum_{n=1}^{\infty} (-1)^{n-1} \frac{1}{2n-1} = \frac{\pi}{4}$$

例 15 将函数 $f(x) = \begin{cases} 1, & 0 \leqslant x \leqslant h \\ 0, & h < x \leqslant \pi \end{cases}$ 展开成余弦级数.

解 对 $f(x)$ 进行偶延拓，再进行周期延拓并限制在 $x \in [0,\pi]$ 上，则

$$b_n = 0, n = 1, 2, \cdots$$

$$a_0 = \frac{2}{\pi}\int_0^h 1 dx = \frac{2h}{\pi}$$

$$a_n = \frac{2}{\pi}\int_0^h \cos nx\, dx = \frac{2\sin nh}{n\pi}, n = 1, 2, \cdots$$

则当 $0 \leqslant x \leqslant \pi$ 时，有

$$f(x) = \frac{h}{\pi} + \frac{2}{\pi} \cdot \sum_{i=1}^{n} \frac{\sin nh}{n} \cdot \cos nx = \begin{cases} 1, & 0 \leqslant x < h \\ 0, & h < x \leqslant \pi \\ \frac{1}{2}, & x = h \end{cases}$$

例 16 将函数 $f(x) = x$ 在 $(0,2)$ 内展开成正弦级数.

解 对 $f(x) = x$ 在 $(0,2)$ 上作奇延拓并作 $T = 4$ 的周期延拓，显然 $f(x) = x$ 在 $(0,2)$ 内满足狄利克雷条件，则

$$a_n = 0, \quad n = 0, 1, 2, \cdots$$

$$b_n = \frac{2}{2}\int_0^2 x\sin\frac{n\pi x}{2} dx = \frac{4}{n\pi}(-1)^{n+1}, n = 1, 2, \cdots$$

故

$$f(x) = \sum_{n=1}^{\infty} \frac{4}{n\pi}(-1)^{n+1}\sin\frac{n\pi x}{2}, \quad 0 < x < 2$$

当 $x = 0, 2$ 时，上式右边的级数收敛于零.

基础练习 12

1. 若 $\lim\limits_{n\to\infty} b_n = +\infty$，则级数 $\sum\limits_{n=1}^{\infty}\left(\dfrac{1}{b_n} - \dfrac{1}{b_{n+1}}\right)$ 的敛散性 （　　）
   A. 一定发散　　　　　　　　B. 无法确定
   C. 必收敛于 0　　　　　　　D. 必收敛于 $\dfrac{1}{b_1}$

2. 设 $k > 0$，则级数 $\sum\limits_{n=1}^{\infty}(-1)^n \dfrac{k}{n^2}$ （　　）
   A. 发散　　　　　　　　　　B. 绝对收敛
   C. 条件收敛　　　　　　　　D. 敛散性与 k 有关

3. 若 $\sum\limits_{n=0}^{\infty} a_n x^n$ 在 $x = -3$ 处收敛，则在 $x = 2$ 处 （　　）
   A. 发散　　　　　　　　　　B. 绝对收敛
   C. 条件收敛　　　　　　　　D. 敛散性无法确定

4. 若 $\sum\limits_{n=0}^{\infty} a_n x^n$ 在 $x = 1$ 处条件收敛，则该幂级的收敛半径 （　　）
   A. $R > 1$　　B. $R < 1$　　C. $R = 1$　　D. 无法确定

5. 设 $f(x)$ 是以 2π 为周期的函数，且 $f(x) = \begin{cases} -1, & -\pi \leqslant x \leqslant 0 \\ x+1, & 0 < x \leqslant \pi \end{cases}$，$s(x)$ 为 $f(x)$ 的傅里叶级数的和函数，则 $s(1)$ 等于 （　　）
   A. 2　　　　B. 1　　　　C. -1　　　　D. 0

6. 判定下列级数的敛散性：
   (1) $\sum\limits_{n=3}^{\infty} \dfrac{1}{\sqrt{n(n^2-4)}}$.　　　　(2) $\sum\limits_{n=1}^{\infty} \dfrac{2^n}{[(-1)^n + 4]^n}$.

   (3) $\sum\limits_{n=1}^{\infty} \dfrac{n^n}{2^n n!}$.　　　　(4) $\sum\limits_{n=1}^{\infty} \left(\dfrac{n}{3n-1}\right)^n$.

7. 判定下列级数的敛散性，若收敛，说明是绝对收敛还是条件收敛：

(1) $\sum_{n=1}^{\infty}(-1)^n \frac{1}{2\sqrt{n}+1}$.

(2) $\sum_{n=1}^{\infty} \frac{\cos n\pi}{\sqrt{n^3+n}}$.

8. 求下列幂级数的收敛域：

(1) $\sum_{n=1}^{\infty} \frac{3^n}{2n} x^n$.

(2) $\sum_{n=1}^{\infty} \frac{(x-1)^n}{\sqrt{n}}$.

(3) $\sum_{n=1}^{\infty} \frac{4^n}{n+1} x^{2n}$.

9. 求下列级数在其收敛域上的和函数：

(1) $\sum_{n=1}^{\infty} \frac{x^{n-1}}{n \cdot 3^n}$.

(2) $\sum_{n=1}^{\infty} \frac{(x-1)^n}{n}$.

10. 将 $f(x) = \dfrac{1}{x^2+3x+2}$ 展开为 x 的幂级数.

11. 将 $f(x) = \arctan \dfrac{1+x}{1-x}$ 展开为 x 的幂级数.

12. 周期为 2π 的三角波在 $[-\pi, \pi)$ 上的函数表达式为 $f(x) = |x|$,试将它展开成傅里叶级数.

13. 将 $f(x) = \dfrac{\pi - x}{2}(0 < x \leqslant \pi)$ 展开为正弦级数.

强化训练 12

一、填空题

1. 若 $\sum\limits_{n=1}^{\infty}(u_n - a)$ 收敛,其中 a 为常数,则 $\lim\limits_{n\to\infty} u_n = $ _____.

2. 若 $\lim\limits_{n\to\infty} a_n = a$,则级数 $\sum\limits_{n=1}^{\infty}(a_n - a_{n+1}) = $ _____.

3. 级数 $\sum\limits_{1}^{\infty}\left(\dfrac{1}{2^n} + \dfrac{1}{3^n}\right)$ 的和为 _____.

4. 设常数 $a > 0$,则 $\sum\limits_{n=0}^{\infty} \dfrac{a^n}{(1+a)^n} = $ _____.

5. 若级数 $\sum\limits_{n=1}^{\infty} \dfrac{1}{n^{a+\frac{1}{2}}}$ 收敛,则 a 必满足条件 _____.

6. 幂级数 $\sum\limits_{n=0}^{\infty} a_n (x-1)^n$ 在 $x = 0$ 点处收敛,$x = 2$ 点处发散,则其收敛域为 _____.

7. 幂级数 $\sum_{n=1}^{\infty} \dfrac{x^n}{n5^n}$ 的收敛域为_____.

8. 设幂级数 $\sum_{n=0}^{\infty} a_n x^n$ 的收敛半径是 4,则幂级数 $\sum_{n=0}^{\infty} a_n x^{2n+1}$ 的收敛半径是_____.

9. 设 $f(x) = \begin{cases} -1, & -\pi \leqslant x < 0 \\ 1, & 0 < x < \pi \end{cases}$,则它的傅里叶展开式中的 $a_n =$ _____.

10. 设周期为 2π 的函数 $f(x)$ 的表达式为:$f(x) = \begin{cases} x, & -\pi \leqslant x < 0 \\ 0, & 0 \leqslant x < \pi \end{cases}$,则该函数的傅里叶级数在点 $x = \pi$ 处收敛于_____.

二、选择题

1. 若级数 $\sum_{n=1}^{\infty} a_n$ 与 $\sum_{n=1}^{\infty} b_n$ 都发散,则 ( )

   A. $\sum_{n=1}^{\infty}(a_n + b_n)$ 发散   B. $\sum_{n=1}^{\infty} a_n b_n$ 发散

   C. $\sum_{n=1}^{\infty}(|a_n| + |b_n|)$ 发散   D. $\sum_{n=1}^{\infty}(a_n^2 + b_n^2)$ 发散

2. 下列级数中发散的是 ( )

   A. $\sum_{n=1}^{\infty} \dfrac{3^n}{5^n}$ B. $\sum_{n=1}^{\infty} \dfrac{3^n}{5n}$ C. $\sum_{n=1}^{\infty} \dfrac{3}{n^5}$ D. $\sum_{n=1}^{\infty} \dfrac{2^n}{e^n}$

3. 部分和数列 $\{S_n\}$ 有界是正项级数 $\sum_{n=1}^{\infty} u_n$ 收敛的 ( )

   A. 充分条件   B. 必要条件
   C. 充要条件   D. 既不充分又非必要条件

4. 设级数 $\sum_{n=1}^{\infty} u_n$ 条件收敛,则级数 $\sum_{n \to 0}^{\infty} |u_n|$ ( )

   A. 条件收敛   B. 绝对收敛   C. 收敛   D. 发散

5. 下列级数中收敛的是 ( )

   A. $\sum_{n=1}^{\infty} (-1)^{n-1} \dfrac{n}{n+1}$ B. $\sum_{n=1}^{\infty} \dfrac{3^n}{2^n}$

   C. $\sum_{n=1}^{\infty} \dfrac{(-1)^{n-1}}{n}$ D. $\sum_{n=1}^{\infty} \dfrac{1}{\sqrt{n}}$

6. 级数 $\sum_{n=1}^{\infty} (-1)^n \left(1 - \cos \dfrac{\alpha}{n}\right)$(常数 $\alpha > 0$) ( )

   A. 发散   B. 条件收敛
   C. 绝对收敛   D. 收敛性与 α 有关

7. 级数 $\sum_{n=1}^{\infty} (-1)^n \dfrac{2^n}{\sqrt{n}} \left(x-\dfrac{1}{2}\right)^n$ 的收敛域是 (   )

    A. $(0,1]$ B. $[0,1]$ C. $\left(-\dfrac{1}{2},\dfrac{1}{2}\right]$ D. $\left[-\dfrac{1}{2},\dfrac{1}{2}\right)$

8. 幂级数 $\sum_{n=2}^{\infty} \dfrac{(x-3)^n}{n+n^3}$ 的收敛域为 (   )

    A. $[2,4]$ B. $(2,4]$ C. $(-2,4]$ D. $(2,4)$

9. $f(x) = \dfrac{1}{3-x}$ 展开成 $(x-1)$ 的幂级数是 (   )

    A. $\sum_{n=0}^{\infty} \dfrac{(x-1)^n}{2^n}$ B. $\sum_{n=0}^{\infty} \dfrac{(-1)^n}{2^n}(x-1)^n$

    C. $\dfrac{1}{2}\sum_{n=0}^{\infty} \dfrac{(x-1)^n}{2^n}$ D. $\dfrac{1}{2}\sum_{n=0}^{\infty}(x-1)^n$

10. 设 $f(x) = \begin{cases} -1, & -\pi \leqslant x \leqslant 0 \\ x^3+1, & 0 < x \leqslant \pi \end{cases}$ 以 2π 为周期,$s(x)$ 为 $f(x)$ 的傅里叶级数的和函数,则 (   )

    A. $s(0) = 0$ B. $s(\pi) = 1+\pi^3$

    C. $s(-\pi) = -1$ D. $s(-4) = -1$

三、考察下列数项级数的敛散性

1. $\sum_{n=1}^{\infty} \left(\dfrac{1}{n^3} - \dfrac{\ln^n 3}{3^n}\right).$

2. $\sum_{n=1}^{\infty} \left(1-\dfrac{1}{n}\right)^{n^2}.$

3. $\sum_{n=1}^{\infty} \dfrac{1}{\sqrt{n}} \ln\left(1+\dfrac{1}{n}\right).$

4. $\sum_{n=1}^{\infty} \dfrac{1}{3^n - n}.$

5. $\sum_{n=1}^{\infty} \dfrac{1}{1+a^n} \ (a > 0).$

6. $\sum_{n=1}^{\infty}\left(\dfrac{b}{a_n}\right)^n$（$\{a_n\}$ 单调递增收敛于 a 且 a,b,a_n 均为正数）.

四、考察下列数项级数的敛散性，若收敛，说明是绝对收敛还是条件收敛

1. $\sum_{n=1}^{\infty} \dfrac{2^n n!}{n^n} \cos\dfrac{n\pi}{5}$.

2. $\sum_{n=1}^{\infty} \dfrac{\sin\dfrac{n\pi}{4}}{n(1+n)^3}$.

3. $\sum_{n=1}^{\infty} \dfrac{(-1)^{n+1}}{\pi^{n+1}} \sin\dfrac{\pi}{n+1}$.

4. $\sum_{n=1}^{\infty} (-1)^{n-1} \cdot \dfrac{1}{n-\ln n}$.

五、讨论级数 $\sum_{n=1}^{\infty} n^{\lambda} \sin\dfrac{\pi}{2\sqrt{n}}$（$\lambda>0$）的敛散性.

六、求下列级数的和函数

1. 求级数 $\sum_{n=1}^{\infty} \dfrac{x^{2n-1}}{2n-1}$（$|x|<1$）的和函数，并求 $\sum_{n=1}^{\infty} \dfrac{1}{(2n-1)4^n}$ 的和.

2. 设幂级数为 $\sum\limits_{n=1}^{\infty} \dfrac{2n+1}{n!} x^{2n}$，求其收敛域及其和函数，并求 $\sum\limits_{n=0}^{\infty} \dfrac{2n+1}{n!} 2^n$ 的值.

七、将下列函数展开成麦克劳林级数或泰勒级数

1. 将函数 $\dfrac{1}{x^2+4x+3}$ 展开成麦克劳林级数.

2. 将函数 $\dfrac{1}{(2-x)^2}$ 展开成 x 的幂级数.

3. 将 $f(x)=\ln x$ 展成 $x-2$ 的幂级数.

八、将 $f(x) = x\arctan x - \ln\sqrt{1+x^2}$ 展开为 x 的幂级数，并求 $\sum\limits_{n=1}^{\infty} \dfrac{(-1)^{n-1}}{n(2n-1)}$ 的和.

九、将 $f(x) = 2+|x|$ $(-\pi \leqslant x \leqslant \pi)$ 展开成以 2π 为周期的傅里叶级数.

十、设函数 $f(x)$ 以 2π 为周期，且在 $[-\pi, \pi]$ 上表达式为 $\begin{cases} x-1, & -\pi \leqslant x < 0 \\ 2, & 0 \leqslant x < \pi \end{cases}$，它的傅里叶级数的和函数为 $s(x)$. 求 $s(0)$，$s(1)$，$s(-\pi)$ 的值.

同步测试 12

一、填空题

1. 若 $\sum\limits_{n=1}^{\infty} u_n$ 为条件收敛级数，则 $\sum\limits_{n=1}^{\infty} \dfrac{1}{2}(u_n + |u_n|)$ 的敛散性为 _____.

2. 若 $\sum\limits_{n=1}^{\infty} (u_n - s)$ 收敛，其中 s 为常数，则 $\lim\limits_{n \to \infty} u_n =$ _____.

3. 幂级数 $\sum\limits_{n=0}^{\infty} a_n(x-2)^n$ 在 $x=7$ 处收敛，在 $x=-3$ 处发散，则其收敛域为 _____.

4. 已知函数 $y = x^2$ 在 $[-1, 1]$ 上的傅里叶级数是 $\dfrac{1}{3} + \dfrac{4}{\pi^2} \sum\limits_{n=1}^{\infty} \dfrac{(-1)^n}{n^2} \cos n\pi x$，该级数的和函数是 $s(x)$，则 $s(2) =$ _____．

5. 使级数 $\sum\limits_{n=1}^{\infty} \dfrac{(-1)^n}{n^p}$ 发散的 p 的取值范围是 _____．

二、选择题

1. 设有级数 $\sum\limits_{n=1}^{\infty} u_n$，则以下命题成立的是　　　　　　　　　（　）

   A. 若 $\sum\limits_{n=1}^{\infty} |u_n|$ 收敛，则 $\sum\limits_{n=1}^{\infty} u_n$ 收敛　　B. 若 $\sum\limits_{n=1}^{\infty} u_n$ 收敛，则 $\sum\limits_{n=1}^{\infty} |u_n|$ 收敛

   C. 若 $\sum\limits_{n=1}^{\infty} |u_n|$ 发散，则 $\sum\limits_{n=1}^{\infty} u_n$ 发散　　D. 以上三个命题均错

2. 若 $\sum\limits_{n=1}^{\infty} u_n$ 发散，则下列正确的是　　　　　　　　　　　（　）

   A. $\sum\limits_{n=1}^{\infty} \dfrac{1}{u_n}$ 收敛　　　　　　　B. $\sum\limits_{n=1}^{\infty} u_{n+1\,000}$ 发散

   C. $\sum\limits_{n=1}^{\infty} (u_n + 0.000\,1)$ 发散　　D. $\sum\limits_{n=1}^{\infty} k u_n$ 发散

3. 下列级数中发散的是　　　　　　　　　　　　　　　　　　　　　（　）

   A. $\sum\limits_{n=1}^{\infty} \dfrac{1}{n^2}$　　　　　　　　　B. $\sum\limits_{n=1}^{\infty} \left(1 + \dfrac{1}{n}\right)^n$

   C. $\sum\limits_{n=1}^{\infty} \ln\left(1 + \dfrac{1}{n^2}\right)$　　　　D. $\sum\limits_{n=1}^{\infty} (-1)^n \dfrac{1}{n}$

4. 对于幂级数 $\sum\limits_{n=1}^{\infty} a_n \left(\dfrac{x}{2}\right)^n$，若 $\lim\limits_{n \to \infty} \left|\dfrac{a_n}{a_{n+1}}\right| = \dfrac{1}{3}$，则该级数的收敛半径为（　）

   A. $\dfrac{1}{3}$　　　　B. $\dfrac{2}{3}$　　　　C. $\dfrac{3}{2}$　　　　D. 3

5. 设 $f(x) = x^2 (0 \leqslant x \leqslant 1)$，而 $s(x) = \sum\limits_{n=1}^{\infty} b_n \sin n\pi x (-\infty < x < +\infty)$，其中 $b_n = 2\int_0^1 f(x) \sin n\pi x \,\mathrm{d}x \,(n = 1, 2, 3, \cdots)$，则 $s\left(-\dfrac{1}{2}\right)$ 等于（　）

   A. $-\dfrac{1}{2}$　　　B. $-\dfrac{1}{4}$　　　C. $\dfrac{1}{4}$　　　D. $\dfrac{1}{2}$

三、判定下列级数的敛散性

1. $\sum\limits_{n=1}^{\infty} \dfrac{1}{2n(2n-1)}$.

2. $\sum\limits_{n=1}^{\infty} \left(\mathrm{e}^{\frac{1}{n}} - 1\right)$.

3. $\sum_{n=1}^{\infty} \frac{n!}{10^n}.$ 4. $\sum_{n=1}^{\infty} \sqrt{n+1}\left(1-\cos\frac{\pi}{n}\right).$

四、判定下列级数的敛散性,若收敛,说明是绝对收敛还是条件收敛

1. $\sum_{n=2}^{\infty}(-1)^n \frac{1}{\ln n}.$ 2. $\sum_{n=1}^{\infty} \frac{n\cos^2\frac{n\pi}{3}}{2^n}.$

五、求幂级数 $\sum_{n=1}^{\infty} nx^{n+1}$ 的和函数.

六、将 $f(x) = \frac{1}{x}$ 展开成 $(x-2)$ 的幂级数.

七、将函数 $f(x) = x (0 \leqslant x \leqslant \pi)$ 展开成正弦级数.

参考答案

7 向量代数与空间解析几何

基础练习7

1. D 2. C 3. $\begin{cases} x^2+2x+2y^2=4 \\ z=0 \end{cases}$ 4. -1 5. 1 6. 交点为$(1,0,-1)$,夹角为$\theta=\dfrac{\pi}{6}$

7. -1 8. $x-2y-2z+2=0$ 9. (1) 旋转椭球面,$x^2+\dfrac{y^2}{4}=1$绕x轴旋转而成 (2) 旋转抛物面,$x^2=2z$绕x轴旋转而成 (3) 双叶双曲面 (4) 椭圆抛物面

强化训练7

一、1. ± 30 2. $\sqrt{19}$ 3. $\dfrac{1}{\sqrt{6}}(1,2,1)$ 4. 30 5. 28 6. $\left\{-2,-\dfrac{8}{3},-\dfrac{2}{3}\right\}$ 7. $\dfrac{1}{4}$

8. $\begin{cases} x^2+y^2=4 \\ z=0 \end{cases}$ 9. $x^2+y^2-z^2=0$ 10. $\dfrac{x}{-11}=\dfrac{y-2}{17}=\dfrac{z-1}{13}$

二、1. C 2. C 3. A 4. A 5. B 6. A 7. B 8. C 9. C 10. D

三、1. $\overrightarrow{OB}=\{-3,1,2\}$,$\overrightarrow{AC}=\{0,-1,3\}$,则$\overrightarrow{AB}\times\overrightarrow{OB}=\begin{vmatrix} i & j & k \\ 1 & 0 & 3 \\ 0 & 1 & 3 \end{vmatrix}=\{-3,-3,1\}$,则三角形$OAB$的面积为$S=\dfrac{1}{2}|\overrightarrow{AB}\times\overrightarrow{OB}|=\dfrac{1}{2}\sqrt{9+9+1}=\dfrac{1}{2}\sqrt{19}$

2. $\overrightarrow{M_1M_2}=(-1,1,-\sqrt{2})$,$|\overrightarrow{M_1M_2}|=\sqrt{1+1+2}=2$,又$e_{\overrightarrow{M_1M_2}}=\dfrac{(-1,1,-\sqrt{2})}{2}$,则向量$\overrightarrow{M_1M_2}$的方向余弦分别为:$\cos\alpha=-\dfrac{1}{2}$,$\cos\beta=\dfrac{1}{2}$,$\cos\gamma=-\dfrac{\sqrt{2}}{2}$,故对应的方向角分别为:$\alpha=\dfrac{2\pi}{3}$,$\beta=\dfrac{\pi}{3}$,$\gamma=\dfrac{3\pi}{4}$

3. 设$v=(x,y,z)$,由三向量共面得:$\begin{vmatrix} x & y & z \\ 1 & 1 & 0 \\ 1 & 0 & 1 \end{vmatrix}=0$,即$x-y-z=0$. 由$(v)_a=(v)_b=3$,得$\dfrac{1}{|a|}a\cdot v=3$,得$x+y=3\sqrt{2}$,且由$\dfrac{1}{|b|}b\cdot v=3$,得$x+z=3\sqrt{2}$,解方程组$\begin{cases} x-y-z=0 \\ x+y=3\sqrt{2} \\ x+z=3\sqrt{2} \end{cases}$ 得

$\begin{cases} x = 2\sqrt{2} \\ y = \sqrt{2} \\ z = \sqrt{2} \end{cases}$,因此 $v = \sqrt{2}(2,1,1)$

四、1. 线段 AB 的垂直平分面过线段 AB 的中点 $C = \frac{1}{2}(3,1,7)$,其法向量为 $\overrightarrow{AB} = (1,-3,1)$,因此线段 AB 的垂直平分面的方程为 $\left(x - \frac{3}{2}\right) - 3\left(y - \frac{1}{2}\right) + \left(z - \frac{7}{2}\right) = 0$,即 $2x - 6y + 2z - 7 = 0$

2. 设平面方程为 $6x + y - 6z = d$,即 $\frac{x}{\frac{d}{6}} + \frac{y}{d} - \frac{z}{\frac{d}{6}} = 1$,故 $V = \frac{1}{6}\left|\frac{d}{6} \cdot d \cdot \left(-\frac{d}{6}\right)\right| = 1 \Rightarrow d = \pm 6$,所以平面方程为 $6x + y - 6z = \pm 6$

3. 已知两直线的方向向量分别为:$s_1 = (0,1,1), s_2 = (1,2,1)$,因为 $n \perp s_1, n \perp s_2$,则所求平面的法向量可取为:$n = \begin{vmatrix} i & j & k \\ 0 & 1 & 1 \\ 1 & 2 & 1 \end{vmatrix} = -i + j - k$,所求平面的点法式方程为:$-1 \cdot (x-0) + 1 \cdot (y-0) - 1 \cdot (z-0) = 0$,即 $x - y + z = 0$

4. 因为 $n \perp s_1, n \perp s_2$,所以 $n = s_1 \times s_2 = \begin{vmatrix} i & j & k \\ 2 & -1 & 2 \\ 0 & 1 & -1 \end{vmatrix} = -i + 2j + 2k$,又因为所求平面过直线上的点 $(0,0,1)$,所以由点法式得所求平面方程为 $-1 \cdot (x-0) + 2(y-0) + 2(z-1) = 0$,即 $x - 2y - 2z + 2 = 0$

5. 由于所求平面平行于 x 轴,即其法向量垂直于 x 轴,故可设所求平面的法向量为 $n = (0, B, C)$,而直线 L 的方向向量为 $s = (2,-1,1) \times (1,-3,2) = (1,-3,-5)$. 由 $n \perp s$,即 $n \cdot s = 0$,得 $3B + 5C = 0$,所以 $n = (0, B, C) = \left(0, B, -\frac{3}{5}B\right)(B \neq 0) \parallel (0, 5, -3)$. 又因为点 $\left(\frac{4}{3}, 0, -\frac{8}{3}\right) \in L$,故所求的平面方程为:$5(y-0) - 3\left(z + \frac{8}{3}\right) = 0$,即 $5y - 3z - 8 = 0$

6. $n_1 = i + 2k, n_2 = j - 3k$,则所求直线的方向向量可取为:$s = n_1 \times n_2 = \begin{vmatrix} i & j & k \\ 1 & 0 & 2 \\ 0 & 1 & -3 \end{vmatrix} = -2i + 3j + k$. 故所求直线方程为 $-\frac{x}{2} = \frac{y-2}{3} = \frac{z-4}{1}$

7. 过点 $(2,1,3)$ 且与直线 $\frac{x+1}{3} = \frac{y-1}{2} = \frac{z}{-1}$ 垂直相交的平面方程为 $3(x-2) + 2(y-1) - (z-3) = 0$,又直线 $\frac{x+1}{3} = \frac{y-1}{2} = \frac{z}{-1}$ 的参数方程为 $x = -1 + 3t, y = 1 + 2t, z = -t$,因此可设平面与已知直线的交点为 $(-1+3t, 1+2t, -t)$,代入前述平面方程,求得 $t = \frac{3}{7}$,所以平面与已知直线的交点为 $\left(\frac{2}{7}, \frac{13}{7}, -\frac{3}{7}\right)$,该点也是所求直线与已知直线的交点,因此由两点 $(2,1,3)$

与 $\left(\dfrac{2}{7}, \dfrac{13}{7}, -\dfrac{3}{7}\right)$ 可得所求直线的一个方向向量为 $\dfrac{-6}{7}\{2,-1,4\}$，即 $(2,-1,4)$. 故所求直线的方程为 $\dfrac{x-2}{2} = \dfrac{y-1}{-1} = \dfrac{z-3}{4}$.

8. 设 $P(a,b,c)$ 是所求直线上的任意一点的坐标，而 $M(e,f,g)$ 是直线 $\dfrac{x-1}{1} = \dfrac{y+2}{3} = \dfrac{z+5}{-2}$ 上与点 $P(a,b,c)$ 关于原点 O 的对称点，则有 $(a,b,c)=-(e,f,g)$，故 $\dfrac{-a-1}{1} = \dfrac{-b+2}{3} = \dfrac{-c+5}{-2}$，即 $\dfrac{a+1}{1} = \dfrac{b-2}{3} = \dfrac{c-5}{-2}$，即所求直线的方程为 $\dfrac{x+1}{1} = \dfrac{y-2}{3} = \dfrac{z-5}{-2}$.

五、1. 点 $(3,0,1)$ 在平面 $x+2y-z-8=0$ 上的投影即为过 $(3,0,1)$ 与该平面垂直的直线与该平面的交点. 由于过点 $(3,0,1)$ 与平面 $x+2y-z-8=0$ 垂直的直线方程为 $\dfrac{x-3}{1} = \dfrac{y}{2} = \dfrac{z-1}{-1}$，设所求投影点的坐标为 (x,y,z)，由 $\dfrac{x-3}{1} = \dfrac{y}{2} = \dfrac{z-1}{-1} = t$，则 $\begin{cases} x = 3+t \\ y = 2t \\ z = 1-t \end{cases}$，代入平面方程 $x+2y-z-8=0$，解得 $t=1$，故所求的投影点坐标为 $(4,2,0)$.

2. 将两曲面方程联立成方程组 $\begin{cases} z = \sqrt{x^2+y^2} \\ z = \sqrt{1-x^2} \end{cases}$，消去 z，得两曲面的交线关于 xOy 面的投影柱面方程为 $2x^2+y^2=1$，故立体在 xOy 面上的投影区域为 $\{(x,y) \mid 2x^2+y^2 \leqslant 1\}$

同步测试 7

一、1. -7 2. $\pm\left\{0, \dfrac{4}{5}, -\dfrac{3}{5}\right\}$ 3. $\pm\left\{\dfrac{2}{3}, \dfrac{1}{3}, -\dfrac{2}{3}\right\}$ 4. $(0,0,0)$ 5. $\begin{cases} y^2-2x+9=0 \\ z=0 \end{cases}$

二、1. A 2. D 3. A 4. C 5. B

三、1. $\vec{OA} = (1,0,3), \vec{OB} = (0,1,3), \vec{OA} \times \vec{OB} = \begin{vmatrix} i & j & k \\ 1 & 0 & 3 \\ 0 & 1 & 3 \end{vmatrix} = \{-3,-3,1\}, S = \dfrac{1}{2} \mid \vec{OA} \times \vec{OB} \mid = \dfrac{1}{2}\sqrt{9+9+1} = \dfrac{1}{2}\sqrt{19}$

2. $\mathbf{n}_1 = \mathbf{i}+2\mathbf{k}, \mathbf{n}_2 = \mathbf{j}-3\mathbf{k}, \mathbf{s} = \mathbf{n}_1 \times \mathbf{n}_2 = \begin{vmatrix} \mathbf{i} & \mathbf{j} & \mathbf{k} \\ 1 & 0 & 2 \\ 0 & 1 & -3 \end{vmatrix} = -2\mathbf{i}+3\mathbf{j}+\mathbf{k}$，所求直线方程为 $-\dfrac{x}{2} = \dfrac{y-2}{3} = \dfrac{z-4}{1}$

四、由题意可知平面 Π_1、Π_2 的法向量分别为 $\mathbf{n}_1 = (1,1,-1), \mathbf{n}_2 = (1,-1,1)$，则两平面的交线的方向向量 $\mathbf{s} \perp \mathbf{n}_1, \mathbf{s} \perp \mathbf{n}_2$，所以 $\mathbf{s} = \mathbf{n}_1 \times \mathbf{n}_2 = \begin{vmatrix} \mathbf{i} & \mathbf{j} & \mathbf{k} \\ 1 & 1 & -1 \\ 1 & -1 & 1 \end{vmatrix} = -2\mathbf{j}-2\mathbf{k} = (0,-2,-2)$. 则

所求平面的方程为 $-2(y-3)-2(z+4)=0$,即 $y+z+1=0$

五、由题意可设点 $M(1,2,-1)$ 在直线 L 上的垂足坐标为 $M_0(x,y,z)$,则 $\overrightarrow{MM_0}=(-t+1,3t-6,t)$,它与直线 $\begin{cases}x=-t+2\\y=3t-4\\z=t-1\end{cases}$ 的方向向量 $\boldsymbol{s}=(-1,3,1)$ 垂直. $\overrightarrow{MM_0}\cdot\boldsymbol{s}=0$,即 $t=\dfrac{19}{11}$,则 $\overrightarrow{MM_0}=(-t+1,3t-6,t)=\dfrac{-1}{11}(8,9,-19)$,则所求直线方程为 $l_0:\dfrac{x-1}{8}=\dfrac{y-2}{9}=\dfrac{z+1}{-19}$

六、过直线 $L:\begin{cases}2y+3z-5=0\\x-2y-z+7=0\end{cases}$ 的平面束方程为 $2y+3z-5+\lambda(x-2y-z+7)=0$. 即 $\lambda x+(2-2\lambda)y+(3-\lambda)z+(7\lambda-5)=0$ (1),其法向量为 $\boldsymbol{n_1}=\{\lambda,2-2\lambda,3-\lambda\}$,已知平面的法向量为 $\boldsymbol{n}=\{1,-1,1\}$,令 $\boldsymbol{n_1}\perp\boldsymbol{n}$,即 $\lambda+(2-2\lambda)(-1)+(3-\lambda)=0$,得 $\lambda=-\dfrac{1}{2}$. 代入 (1) 式得过直线且与已知平面垂直的平面方程为 $x-6y-7z+17=0$. 故所求投影直线方程为 $\begin{cases}x-y+z+8=0\\x-6y-7z+18=0\end{cases}$

七、$\overrightarrow{AB}=(-1,0,-2)$,平面 $x+y+z=0$ 的法向量为 $\boldsymbol{n_1}=(1,1,1)$,则所求平面的法向量为
$\boldsymbol{n}=\overrightarrow{AB}\times\boldsymbol{n_1}=\begin{vmatrix}\boldsymbol{i}&\boldsymbol{j}&\boldsymbol{k}\\-1&0&-2\\1&1&1\end{vmatrix}=(2,-1,-1)$,由点法式可得所求平面方程为 $2(x-1)-(y-1)-(z-1)=0$,即 $2x-y-z=0$

8 多元函数微分学及其应用

基础练习 8

1. 2   2. $dx+2dy+3dz$ 3. $-4\boldsymbol{i}+2\boldsymbol{j}-4\boldsymbol{k}$ 4. $\sqrt{5}$ 5. $4x+2y-z-6=0$ 6. e^2 7. 不连续但可偏导   8. (1) $\dfrac{3(1-4t^2)}{\sqrt{1-(3t-4t^3)^2}}$ (2) x 9. $\dfrac{x-1}{1}=\dfrac{y-1}{-1}=\dfrac{z-1}{0}$ 10. $2x+2y+z+1=0$

11. 极大值点为 $(-3,2)$,极小值点为 $(1,0)$ 12. 长方体在第一卦限的顶点坐标为 $\left(\dfrac{a}{\sqrt{3}},\dfrac{b}{\sqrt{3}},\dfrac{c}{\sqrt{3}}\right)$ 时取最大值,其最大值为 $\dfrac{8}{3\sqrt{3}}abc$

强化训练 8

一、1. 1   2. $\{(x,y)\mid 2\leqslant x^2+y^2\leqslant 4,x>y^2\}$ 3. $2a$ 4. $xy+z$ 5. $\dfrac{2}{5}(dx-dy)$
6. $\dfrac{\pi^2}{e^2}$ 7. $4x+2y-z-6=0$ 8. -5 9. $\dfrac{2}{9}(1,2,-2)$ 10. $\boldsymbol{l}=(1,0)$

二、1. A 2. B 3. B 4. C 5. C 6. A 7. C 8. C 9. D 10. D

三、1. $\frac{\partial z}{\partial x} = 2x\sin 4y, \frac{\partial z}{\partial y} = 4x^2\cos 4y$

2. $\frac{\partial z}{\partial x} = \frac{1}{2x\sqrt{\ln(xy)}}, \frac{\partial z}{\partial y} = \frac{1}{2y\sqrt{\ln(xy)}}$

3. $\frac{\partial z}{\partial x} = 2xf_1' + ye^{xy}f_2', \frac{\partial z}{\partial y} = -2yf_1' + xe^{xy}f_2'$

四、$z_x = e^{xy}[y\sin(x+y) + \cos(x+y)], z_y = e^{xy}[x\sin(x+y) + \cos(x+y)]$，故 $dz = e^{xy}\{[y\sin(x+y) + \cos(x+y)]dx + [x\sin(x+y) + \cos(x+y)]dy\}$

五、记 $x - y = u, \ln x = v$，则 $x = e^v, y = e^v - u$，代入原式右端，得 $f(u,v) = \frac{u}{v}e^{v-2y}$，即 $f(x,y) = \frac{x}{y}e^{x-2y}$. 则 $\frac{\partial f}{\partial x} = \frac{1+x}{y}e^{x-2y}, \frac{\partial f}{\partial y} = -\frac{x(1+2y)}{y^2}e^{x-2y}$

六、1. $\frac{\partial z}{\partial x} = e^{x+2y}, \frac{\partial z}{\partial y} = 2e^{x+2y}, \frac{\partial^2 z}{\partial x^2} = e^{x+2y}, \frac{\partial^2 z}{\partial x \partial y} = 2e^{x+2y}, \frac{\partial^2 z}{\partial y \partial x} = 2e^{x+2y}, \frac{\partial^2 z}{\partial y^2} = 4e^{x+2y}$

2. $\frac{\partial z}{\partial y} = f' \cdot \frac{2y}{x}, \frac{\partial^2 f}{\partial y \partial x} = -\frac{2y}{x^2}f' + \left(1 - \frac{y^2}{x^2}\right)\frac{2y}{x}f'' = -\frac{2y}{x^2}f' + \frac{2y}{x}\left(1 - \frac{y^2}{x^2}\right)f''$

3. $\frac{\partial z}{\partial y} = xf_1 + f_2, \frac{\partial^2 z}{\partial y^2} = x^2 f_{11} + 2x f_{12} + f_{22}$

4. $\frac{\partial z}{\partial y} = x^3\left(f_1' \cdot x + f_2' \cdot \frac{1}{x}\right) = x^4 f_1' + x^2 f_2', \frac{\partial^2 z}{\partial y \partial x} = 4x^3 f_1' + x^4\left[f_{11}'' \cdot y + f_{12}'' \cdot \left(-\frac{y}{x^2}\right)\right] + 2xf_2' + x^2\left[f_{21}'' \cdot y + f_{22}'' \cdot \left(-\frac{y}{x^2}\right)\right] = 4x^3 f_1' + 2xf_2' + x^4 y f_{11}'' - y f_{22}''$

5. $z = \ln\sqrt{x^2+y^2} = \frac{1}{2}\ln(x^2+y^2), \frac{\partial z}{\partial x} = \frac{2x}{2(x^2+y^2)} = \frac{x}{x^2+y^2}, \frac{\partial z}{\partial y} = \frac{2y}{2(x^2+y^2)} = \frac{y}{x^2+y^2}$,
$\frac{\partial^2 z}{\partial x^2} = \frac{(x^2+y^2) - x \cdot 2x}{(x^2+y^2)^2} = \frac{y^2-x^2}{(x^2+y^2)^2}, \frac{\partial^2 z}{\partial y^2} = \frac{(x^2+y^2) - y \cdot 2y}{(x^2+y^2)^2} = \frac{x^2-y^2}{(x^2+y^2)^2}$，所以 $\frac{\partial^2 z}{\partial x^2} + \frac{\partial^2 z}{\partial y^2} = \frac{y^2-x^2}{(x^2+y^2)^2} + \frac{x^2-y^2}{(x^2+y^2)^2} = 0$

七、1. 对方程组两边关于 x 求导得 $\begin{cases} \frac{dz}{dx} = 2x + 2y\frac{dy}{dx} \\ 2x + 4y\frac{dy}{dx} + 6z\frac{dz}{dx} = 0 \end{cases}$，解得 $\frac{dy}{dx} = \frac{-6xz - x}{6yz + 2y}, \frac{dz}{dx} = \frac{x}{3z+1}$

2. 对方程组两边关于 x 求导得 $\begin{cases} 2x - \frac{\partial u}{\partial x}v - u\frac{\partial v}{\partial x} = 0 \\ y - 2u\frac{\partial u}{\partial x} + 2v\frac{\partial v}{\partial x} = 0 \end{cases}$，解得 $\frac{\partial u}{\partial x} = \frac{4xv + uy}{2(u^2+v^2)}, \frac{\partial v}{\partial x} = \frac{4ux - vy}{2(u^2+v^2)}$

八、1. $f_x(x,y,z) = y+z, f_y(x,y,z) = x+z, f_z(x,y,z) = x+y, \frac{\partial f}{\partial l}\Big|_{(1,1,2)} = (f_x\cos 60° + f_y\cos 45° + f_z\cos 60°)\Big|_{(1,1,2)} = \frac{1}{2}(5 + 3\sqrt{2})$

2. $\mathrm{grad} f = (f_x, f_y, f_z) = (2x, 3y^2, e^z)$,故 $\mathrm{grad} f(1,-1,2) = (2, 3, e^2)$

九、1. 由 $\begin{cases} f'_x = e^{2x}(2x+2y^2+4y+1) = 0 \\ f'_y = e^{2x}(2y+2) = 0 \end{cases}$,解得驻点为 $P\left(\dfrac{1}{2}, -1\right)$,又 $f''_{xx} = 4e^{2x}(x+y^2+2y+1)$,$f''_{xy} = 4e^{2x}(y+1)$,$f''_{yy} = 2e^{2x}$,$A = f''_{xx}(P) = 2e$,$B = f''_{xy}(P) = 0$,$C = f''_{yy}(P) = 2e$,故 $\Delta = AC - B^2 = 4e^2 > 0$,又 $A > 0$,所以 $f\left(\dfrac{1}{2}, -1\right) = -\dfrac{e}{2}$ 为极小值

2. 将方程两边分别对 x, y 求偏导数得 $\begin{cases} 2x + 2z \cdot z'_x - 2 - 4z'_x = 0 \\ 2y + 2z \cdot z'_y + 2 - 4z'_y = 0 \end{cases}$,由函数取极值的必要条件知,驻点为 $P(1, -1)$,将上述方程组再分别对 x, y 求偏导数,得 $A = z''_{xx}\big|_P = \dfrac{1}{2-z}$,$B = z''_{xy}\big|_P = 0$,$C = z''_{yy}\big|_P = \dfrac{1}{2-z}$,故 $B^2 - AC = -\dfrac{1}{(2-z)^2} < 0 (z \ne 2)$,函数在 P 有极值.将 $P(1, -1)$ 代入原方程,有 $z_1 = -2, z_2 = 6$,当 $z_1 = -2$ 时,$A = \dfrac{1}{4} > 0$,所以 $z = f(1, -1) = -2$ 为极小值;当 $z_2 = 6$ 时,$A = -\dfrac{1}{4} < 0$,所以 $z = f(1, -1) = 6$ 为极大值

十、设球面方程为 $x^2 + y^2 + z^2 = a^2$,则长方体的中心在原点,长、宽、高分别为 $2x, 2y, 2z$,则体积 $V = 8xyz$.令 $F(x,y,z) = xyz + \lambda(x^2+y^2+z^2-a^2)$,由 $\begin{cases} F_x = yz + 2\lambda x = 0 \\ F_y = xz + 2\lambda y = 0 \\ F_z = xy + 2\lambda z = 0 \\ x^2+y^2+z^2 = a^2 \end{cases}$ 解得 $x = y = z = \dfrac{a}{\sqrt{3}}$,由于驻点唯一且最大的内接长方体的体积必定存在,而驻点对应的体积就是最大长方体的体积,即 $V_{\max} = 8\left(\dfrac{a}{\sqrt{3}}\right)^3 = \dfrac{8}{9}\sqrt{3}a^3$

十一、由题意可知,椭圆中心在原点,设 $P(x, y, z)$ 为椭圆上任意一点,则求椭圆的长半轴与短半轴之长,就是求 $d = \sqrt{x^2+y^2+z^2}$ 在条件 $x^2+y^2+4z^2 = 9$ 与 $x+2y+5z = 0$ 下的最大值和最小值.令 $F = x^2+y^2+z^2 + \lambda(x^2+y^2+4z^2-9) + \mu(x+2y+5z)$,由 $\begin{cases} F_x = 2x + 2\lambda x + \mu = 0 \\ F_y = 2y + 2\lambda y + 2\mu = 0 \\ F_z = 2z + 8\lambda z + 5\mu = 0 \\ F_\lambda = x^2+y^2+4z^2-9 = 0 \\ F_\mu = x+2y+5z = 0 \end{cases}$ 解得驻点为 $M_1\left(\dfrac{6}{-\sqrt{5}}, \dfrac{3}{\sqrt{5}}, 0\right)$,$M_2\left(\dfrac{6}{\sqrt{5}}, -\dfrac{3}{\sqrt{5}}, 0\right)$,$M_3(1, 2, -1)$,$M_4(-1, -2, 1)$,且 $d(M_1) = d(M_2) = 3, d(M_3) = d(M_4) = \sqrt{6}$,由于此问题的最大值和最小值必定存在,而驻点对应的函数值有且仅有两个,因此椭圆的长半轴与短半轴之长分别为 3 和 $\sqrt{6}$

十二、设 $L = x^2 + y^2 + \lambda[(x-\sqrt{2})^2 + (y-\sqrt{2})^2 - 9]$,则 $\begin{cases} L_x = 2x + 2\lambda(x - \sqrt{2}) = 0 \\ L_y = 2y + 2\lambda(y - \sqrt{2}) = 0 \\ (x-\sqrt{2})^2 + (y-\sqrt{2})^2 - 9 = 0 \end{cases}$,

解得 $x=y=\frac{5\sqrt{2}}{2}, x=y=-\frac{\sqrt{2}}{2}$. 由于此问题的最大值和最小值必定存在,而驻点有且仅有两个,故最大值为 $z\left(\frac{5\sqrt{2}}{2},\frac{5\sqrt{2}}{2}\right)=25$,最小值为 $z\left(-\frac{\sqrt{2}}{2},-\frac{\sqrt{2}}{2}\right)=1$.

同步测试 8

一、1. $-\frac{1}{x^2}\left(\frac{y}{x}f''+f'\right)$ 2. $f''(r)+\frac{1}{r}f'(r)$ 3. y 4. -3 5. $\sqrt{5}$

二、1. C 2. A 3. D 4. D 5. B

三、1. $z_x=\mathrm{e}^{xy}[y\sin(x+y)+\cos(x+y)], z_y=\mathrm{e}^{xy}[x\sin(x+y)+\cos(x+y)]$

2. $\frac{\partial z}{\partial y}=xf_1+f_2, \frac{\partial^2 z}{\partial y^2}=x^2f_{11}+2xf_{12}+f_{22}$

四、对 x 求偏导数:$\mathrm{e}^{x+y}\sin(x+z)+\mathrm{e}^{x+y}\cos(x+z)\left(1+\frac{\partial z}{\partial x}\right)=0, \frac{\partial z}{\partial x}=-\tan(x+z)-1$;对 y 求偏导数:$\mathrm{e}^{x+y}\sin(x+z)+\mathrm{e}^{x+y}\cos(z+x)\frac{\partial z}{\partial y}=0, \frac{\partial z}{\partial y}=-\tan(x+z), \mathrm{d}z=-[\tan(x+z)+1]\mathrm{d}x-\tan(x+z)\mathrm{d}y$

五、由 $\begin{cases} z_x=2x+2y=0 \\ z_y=-3y^2+2x+1=0 \end{cases}$ 得驻点 $\left(-\frac{1}{3},\frac{1}{3}\right),(1,-1), D=\begin{vmatrix} z_{xx} & z_{xy} \\ z_{yx} & z_{yy} \end{vmatrix}=\begin{vmatrix} 2 & 2 \\ 2 & -6y \end{vmatrix}=-12y-4, D\left(-\frac{1}{3},\frac{1}{3}\right)=-8<0$,故点 $\left(-\frac{1}{3},\frac{1}{3}\right)$ 非极值点. $D(1,-1)=8>0, z_{xx}(1,-1)=2>0$,故函数有极小值 $z(1,-1)=1$

六、令 $F(x,y,z)=x^2+2y^2+3z^2-21$,则切平面在切点 $M(x_0,y_0,z_0)$ 的法向量为 $\boldsymbol{n}_1=(F_x, F_y, F_z)_M=(2x_0,4y_0,6z_0)$,而题设平面的法向量为 $\boldsymbol{n}_2=(1,4,6)$,由 $\boldsymbol{n}_1 \parallel \boldsymbol{n}_2$,得 $\frac{2x_0}{1}=\frac{4y_0}{4}=\frac{6z_0}{6}$,参数方程为 $\begin{cases} x_0=\frac{t}{2} \\ y_0=t \\ z_0=t \end{cases}$,由 $M\in S$,可得 $t=\pm 2$,有两个切点 $(1,2,2), (-1,-2,-2)$. 有两个切平面方程:$x+4y+6z\pm 21=0$,有两个法线方程:$\frac{x\pm 1}{1}=\frac{y\pm 2}{4}=\frac{z\pm 2}{6}$

七、切线方向为 $\boldsymbol{s}=\left(1-\cos t, \sin t, 2\cos\frac{t}{2}\right)\bigg|_{t=\frac{\pi}{2}}=(1,1,\sqrt{2})$,切点为 $\left(\frac{\pi}{2}-1,1,2\sqrt{2}\right)$,故切线方程:$\frac{x-\left(\frac{\pi}{2}-1\right)}{1}=\frac{y-1}{1}=\frac{z-2\sqrt{2}}{\sqrt{2}}$,法平面方程:$x+y+\sqrt{2}z=\frac{\pi}{2}+4$

八、曲面 $z=xy$ 上点 (x,y,z) 到点 $(0,0,1)$ 的距离平方 $d^2=x^2+y^2+(z-1)^2$,令 $F=x^2+y^2+(z-1)^2+\lambda(xy-z)$,由 $\begin{cases} F_x=2x+\lambda y=0 \\ F_y=2y+\lambda x=0 \\ F_z=2(z-1)-\lambda=0 \\ F_\lambda=xy-z=0 \end{cases}$ 得驻点 $(0,0,0)$,且 $d(0,0,0)=1$,因为最小

值必定存在,故 $d_{\min} = d(0,0,0) = 1$. 所以点 $(0,0,1)$ 到曲面 $z = xy$ 的距离为 1

9 重 积 分

基础练习 9

1. $\int_0^1 dx \int_0^{x^2} f(x,y) dy + \int_1^2 dx \int_0^{2-x} f(x,y) dy$ 2. $\int_0^a e^{m(a-x)} f(x)(a-x) dx$ 3. 24   4. $\frac{4}{5}\pi$

5. $\frac{\pi}{6}$ 6. (1) $\frac{1}{2}(e-1)$ (2) $\frac{32}{21}$ (3) $\frac{5}{24}\pi R^4$ 7. $4 - \frac{\pi}{2}$ 8. $\frac{(8\sqrt{2}-7)\pi}{12}$ 9. $\frac{14}{3}\pi$ 10. $\frac{59}{15}$

强化训练 9

一、1. $\int_1^4 dy \int_{\sqrt{y}}^2 f(x,y) dx$ 2. $\int_0^1 dy \int_0^y f(x,y) dx + \int_1^2 dy \int_0^{\sqrt{2-y}} f(x,y) dx$ 3. $\int_0^{\frac{1}{2}} dx \int_{x^2}^x f(x,y) dy$

4. $\frac{4}{3}\pi$ 5. 2   6. $\sqrt[3]{\frac{3}{2}}$ 7. 0   8. $3\frac{1}{2}$ 9. $I = \int_0^{2\pi} d\theta \int_0^1 dr \int_{r^2}^{\sqrt{2-r^2}} f(r\cos\theta, r\sin\theta, z) r dz$

10. $\int_1^4 dz \int_0^{2\pi} d\theta \int_0^{\sqrt{z}} f(\rho\cos\theta, \rho\sin\theta, z) \rho d\rho$

二、1. C   2. B   3. C   4. A   5. C   6. D   7. A   8. D   9. C   10. B

三、1. 原式 $= \int_0^1 e^{-y^2} dy \int_0^y x^2 dx = \int_0^1 \frac{1}{3} y^3 e^{-y^2} dy = -\int_{-1}^0 \frac{1}{6} t e^t dt = -\left[\frac{1}{6}(t-1)e^t\right]_{-1}^0 =$
$-\frac{1}{6}(2e^{-1} - 1)$

2. 原式 $= \int_0^1 dy \int_0^y y\sin\frac{x}{y} dx = \int_0^1 y^2(1-\cos 1) dy = \frac{1}{3}(1-\cos 1)$

3. $I = \int_0^1 dx \int_0^x \frac{y}{\sqrt{1+x^3}} dy = \frac{1}{2} \int_0^1 \frac{x^2}{\sqrt{1+x^3}} dx = \frac{1}{3} \int_0^1 \frac{1}{2\sqrt{1+x^3}} d(1+x^3) = \frac{1}{3}\left[\sqrt{1+x^3}\right]_0^1$
$= \frac{1}{3}(\sqrt{2}-1)$

4. 原式 $= \int_1^2 dy \int_1^{y+1} \sin y^2 dx = \int_1^2 y\sin y^2 dx = \frac{1}{2}(1-\cos 4)$

5. $I = \int_{\frac{1}{2}}^1 dx \int_{x^2}^x e^{\frac{y}{x}} dy = \int_{\frac{1}{2}}^1 x(e - e^x) dx = \frac{3}{8}e - \frac{1}{2}\sqrt{e}$

6. 由对称性可知, $\iint_D \frac{xy}{1+x^2+y^2} dxdy = 0$, 则原式 $= \iint_D \frac{\rho}{1+\rho^2} d\rho d\theta = \int_0^{\frac{\pi}{2}} d\theta \int_0^1 \frac{\rho}{1+\rho^2} d\rho =$
$\pi\left[\frac{1}{2}\ln(1+\rho^2)\right]_0^1 = \frac{\pi}{2}\ln 2$

7. 由对称性可知, $\iint_D x d\sigma = 0$, 在极坐标系中, 积分区域可表示为 $D = \{(\rho,\theta) \mid 0 \leqslant \theta \leqslant 2\pi, 1 \leqslant \rho$
$\leqslant 2\}$, 则 $\iint_D (x^2 + y^2 + x) dxdy = \iint_D (x^2 + y^2) dxdy = \iint_D \rho^2 \cdot \rho d\rho d\theta = \iint_D \rho^3 d\rho d\theta = \int_0^{2\pi} d\theta \int_1^2 \rho^3 d\rho = \frac{15}{2}\pi$

8. 因为 D 关于 y 轴对称,所以 $\iint_D x d\sigma = 0, \iint_D y d\sigma = 2\iint_{D_1} y d\sigma$,其中 D_1 为 D 中 $x \geqslant 0$ 的部分. 所以
$\iint_D (x+y) d\sigma = 2\int_0^1 dy \int_{\frac{y}{2}}^{\sqrt{y}} y dx = \frac{2}{5} y^{\frac{5}{2}} \big|_0^1 = \frac{2}{5}$

四、1. 原式 $= \iiint_\Omega (x^2 + y^2 + z^2 + 2xy + 2yz + 2xz) dv$,由对称性可知 $\iiint_\Omega (2xy + 2yz + 2xz) dv = 0$,故原式 $= \iiint_\Omega (x^2 + y^2 + z^2) dv = \int_0^{2\pi} d\theta \int_0^{\frac{\pi}{4}} \sin\varphi d\varphi \int_0^2 r^4 dr = \frac{64}{5}\left(1 - \frac{\sqrt{2}}{2}\right)\pi$

2. 解法一:采用球面坐标系计算. $z = a \Rightarrow \rho = \frac{a}{\cos\varphi}, x^2 + y^2 = z^2 \Rightarrow \varphi = \frac{\pi}{4}, \Omega: 0 \leqslant \rho \leqslant \frac{a}{\cos\phi}$,
$0 \leqslant \varphi \leqslant \frac{\pi}{4}, 0 \leqslant \theta \leqslant 2\pi, I = \iiint (x^2 + y^2) dxdydz = \int_0^{2\pi} d\theta \int_0^{\frac{\pi}{4}} d\varphi \int_0^{\frac{a}{\cos\varphi}} \rho^4 \sin^3\varphi d\rho = 2\pi \int_0^{\frac{\pi}{4}} \sin^3\varphi \cdot \frac{1}{5}\left(\frac{a^5}{\cos^5\varphi} - 0\right) d\varphi = \frac{\pi}{10} a^5$. 解法二:采用柱面坐标系计算. 因为 $x^2 + y^2 = z^2 \Rightarrow z = \rho, D: \rho \leqslant z \leqslant a$,
$\Omega: \rho \leqslant z \leqslant a, 0 \leqslant \rho \leqslant a, 0 \leqslant \theta \leqslant 2\pi, I = \iiint_\Omega (x^2 + y^2) dxdydz = \int_0^{2\pi} d\theta \int_0^a \rho d\rho \int_\rho^a \rho^2 dz = 2\pi \int_0^a \rho^3 (a-\rho) d\rho = 2\pi \left[a \cdot \frac{a^4}{4} - \frac{a^5}{5}\right] = \frac{\pi}{10} a^5$

3. 由对称性可知 $\iiint_\Omega y dv = \iiint_\Omega z dv = 0$,故原式 $= \iiint_\Omega x^2 dv = 8\int_0^a x^2 dx \int_0^{\sqrt{a^2-x^2}} dy \int_0^{\sqrt{a^2-x^2}} dz = 8\int_0^a x^2 (a^2 - x^2) dx = \frac{16}{15} a^5$

4. 作球坐标变换得 $\begin{cases} x = r\sin\varphi\cos\theta \\ y = r\sin\varphi\sin\theta \\ z = r\cos\varphi \end{cases}$,则 $\Omega: \begin{cases} 0 \leqslant \theta \leqslant 2\pi \\ 0 \leqslant \varphi \leqslant \frac{\pi}{2} \\ 0 \leqslant r \leqslant 1 \end{cases}, I = \iiint_\Omega z dxdydz = \int_0^{2\pi} d\theta \int_0^{\frac{\pi}{2}} d\varphi \int_0^1 r^3 \sin\varphi\cos\varphi dr$
$= \frac{\pi}{2} \int_0^{\frac{\pi}{2}} \sin\varphi\cos\varphi d\varphi = \frac{\pi}{4}$

5. 解方程组 $\begin{cases} x^2 + y^2 + z^2 = 4 \\ x^2 + y^2 + z^2 = 4z \end{cases}$,得 $z = 1$,用截面 $z = z$ 来截区域,当 $0 \leqslant z \leqslant 1$ 时,$D_z: x^2 + y^2 \leqslant 4z - z^2$;当 $1 \leqslant z \leqslant 2$ 时,$D_z: x^2 + y^2 \leqslant 4 - z^2$. 所以 $I = \int_0^1 dz \iint_{D_z} z^2 dxdy + \int_1^2 dz \iint_{D_z} z^2 dxdy = \int_0^1 \pi z^2 \cdot (4z - z^2) dz + \int_1^2 \pi z^2 \cdot (4 - z^2) dz = \frac{59}{15}$

五、柱面和锥面的交线 L 满足方程组 $\begin{cases} z = \sqrt{x^2 + y^2} \\ z^2 = 2x \end{cases}$,消去 z,得交线 L 所在投影柱面与 xOy 面的交线为 $\begin{cases} x^2 - 2x + y^2 = 0 \\ z = 0 \end{cases}$,于是得到锥面被柱面所截部分在 xOy 面上的投影区域:$D = \{(x, y) \mid (x-1)^2 + y^2 \leqslant 1\}$,于是锥面被柱面所截部分的面积为 $S = \iint_D \sqrt{1 + z_x^2 + z_y^2} d\sigma = \iint_D \sqrt{1 + \left(\frac{x}{\sqrt{x^2+y^2}}\right)^2 + \left(\frac{y}{\sqrt{x^2+y^2}}\right)^2} d\sigma = \sqrt{2} \iint_D d\sigma = \sqrt{2}\pi$

六、如图所示,所求曲面在 xOy 面上的投影区域为 $D = \{(x,y) \mid x^2 + y^2 \leqslant ax\}$, $\dfrac{\partial z}{\partial x} = \dfrac{-x}{\sqrt{a^2 - x^2 - y^2}}$, $\dfrac{\partial z}{\partial y} = \dfrac{-y}{\sqrt{a^2 - x^2 - y^2}}$, 则 $A = \iint\limits_{D} \sqrt{1 + \left(\dfrac{\partial z}{\partial x}\right)^2 + \left(\dfrac{\partial z}{\partial y}\right)^2}\,dxdy$

$= \iint\limits_{D} \dfrac{a}{\sqrt{a^2 - x^2 - y^2}}\,dxdy = a\int_{-\frac{\pi}{2}}^{\frac{\pi}{2}} d\theta \int_{0}^{a\cos\theta} \dfrac{1}{\sqrt{a^2 - \rho^2}}\rho d\rho$

$= a^2(\pi - 2)$.

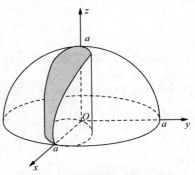

第六题图

七、$F(t) = \int_0^{2\pi} d\theta \int_0^{\pi} d\varphi \int_0^t f(r^2) r^2 \sin\varphi\,dr = 4\pi \int_0^t f(r^2) r^2\,dr$,

$\lim\limits_{t \to 0^+} \dfrac{F(t)}{t^5} = \lim\limits_{t \to 0^+} \dfrac{4\pi f(t^2) t^2}{5t^4} = \lim\limits_{t \to 0^+} \dfrac{4\pi [f(t^2) - f(0)]}{5(t^2 - 0)} = \dfrac{4}{5}\pi f'(0) = 4\pi$

同步测试 9

一、1. $\int_0^1 dy \int_y^{\sqrt{y}} f(x,y)\,dx$ 2. $\dfrac{4}{3}\pi$ 3. 0 4. 2 5. 0

二、1. D 2. B 3. C 4. C 5. C

三、1. $\iint\limits_{D} xy\,dxdy = \int_{-1}^{2} dy \int_{y^2}^{y+2} xy\,dx = \int_{-1}^{2} (2y^2 + 2y)\,dy = 9$

2. $\int_0^2 dx \int_x^2 e^{-y^2}\,dy = \int_0^2 dy \int_0^y e^{-y^2}\,dx = \int_0^2 y e^{-y^2}\,dy = \dfrac{1}{2}(1 - e^{-4})$

第四(2)题图

四、1. $\iiint\limits_{\Omega} \sqrt{x^2 + y^2 + z^2}\,dv = \int_0^{2\pi} d\theta \int_0^{\frac{\pi}{2}} d\varphi \int_0^{\cos\varphi} r \cdot r^2 \sin\varphi\,dr = \dfrac{\pi}{10}$

2. 设 $\begin{cases} x = r\cos\theta \\ y = r\sin\theta \\ z = z \end{cases}$, 其中 $\begin{cases} 0 \leqslant \theta \leqslant 2\pi \\ 0 \leqslant r \leqslant 2 \\ r^2 \leqslant z \leqslant r \end{cases}$, $V = \int_0^{2\pi} d\theta \int_0^2 r\,dr \int_{r^2}^{r} dz = 2\pi \int_0^1 (r^2 - r^3)\,dr = \dfrac{\pi}{6}$

五、解法一:原式 $= \int_0^1 dx \int_0^x (x-y)\,dy + \int_0^1 dy \int_0^y (y-x)\,dx = \dfrac{1}{3}$;解法二:原式 $= \int_0^1 dx \int_x^1 (y-x)\,dy + \int_0^1 dx \int_0^x (x-y)\,dy = \dfrac{1}{3}$

六、$I = \iiint\limits_{\Omega} z^2\,dxdydz = \int_0^{\frac{\pi}{2}} d\theta \int_0^1 r\,dr \int_r^{\sqrt{2-r^2}} z^2\,dz = \dfrac{\pi}{2} \cdot \dfrac{1}{3} \int_0^1 \left[(2-r^2)^{\frac{3}{2}} - r^3\right] r\,dr = \dfrac{\pi}{15}[2\sqrt{2} - 1]$

10 曲线积分与曲面积分

基础练习 10

1. π 2. $-\dfrac{3}{2}\pi$ 3. 0 4. 4 5. $2(y-z, z-x, x-y)$ 6. $6a$ 7. $2\sqrt{2}$ 8. 2 9. $9\cos 2 + 4\cos 3$ 10. π 11. $-\dfrac{9\pi}{2}$ 12. 0 13. $-\pi$ 14. 0

强化训练 10

一、1. $2\sqrt{2}$ 2. 0   3. $6a$ 4. $\frac{1}{3}(8-2\sqrt{2})$ 5. -2 6. $\frac{128}{3}\pi$ 7. 0   8. $-\frac{12\pi}{5}R^5$

9. $\iint\limits_{\Sigma} P\,dydz + Q\,dzdx + R\,dxdy$ 10. $(0,0,0)$

二、1. C   2. B   3. B   4. C   5. B   6. C   7. B   8. D   9. A   10. B

三、1. $\widehat{AB}: x=\cos\theta, y=\sin\theta, \frac{\pi}{2}\leqslant x\leqslant\pi; BC: y=1-x, 0\leqslant x\leqslant 1. \int_{AB} x\,ds =$
$\int_{\frac{\pi}{2}}^{\pi} \cos\theta\sqrt{\sin\theta+\cos\theta}\,d\theta = \int_{\frac{\pi}{2}}^{\pi}\cos\theta\,d\theta = -1, \int_{BC} x\,ds = \int_0^1 x\sqrt{1+1}\,dx = \int_0^1 \sqrt{2}x\,dx = \frac{\sqrt{2}}{2},$ 所以 $\int_L x\,ds = -1+\frac{\sqrt{2}}{2}.$

2. $L: x=2\cos\theta, y=2\sin\theta, z=1, 0\leqslant\theta\leqslant 2\pi, \oint_L \frac{ds}{x^2+y^2+z^2} = \int_0^{2\pi}\frac{1}{5}\sqrt{4\sin^2\theta+4\cos^2\theta}\,d\theta = \frac{4\pi}{5}$

3. 设所围正方形区域为 D, 在第一象限的部分为 D_1, $\frac{\partial Q}{\partial x}-\frac{\partial P}{\partial y} = 3x^2-2y$, 由格林公式得, 原式
$= \iint\limits_D (3x^2-2y)\,dxdy = 12\int_0^1 x^2\,dx \int_0^{1-x}dy = 12\int_0^1 x^2(1-x)\,dx = 1$

4. $P(x,y) = 2xy^3 - y^2\cos x, Q(x,y) = 1 - 2y\sin x + 3x^2 y^2. \frac{\partial Q}{\partial x} = \frac{\partial P}{\partial y} = 6xy^2 - 2y\cos x,$ 故积分与路径无关. 原式 $= \int_0^1 \left[1 - 2y\sin\frac{\pi}{2} + 3\left(\frac{\pi}{2}\right)^2 y^2\right]dy = \frac{\pi^2}{4}$

四、$P(x,y) = \frac{ax+y}{x^2+y^2}, Q(x,y) = \frac{x-y+b}{x^2+y^2},$ 由 $du(x,y) = P(x,y)dx + Q(x,y)dy,$ 得 $\frac{\partial P}{\partial y} = \frac{\partial Q}{\partial x},$ 即有 $\frac{x^2+y^2-(ax+y)\cdot 2y}{(x^2+y^2)^2} = \frac{x^2+y^2-(x-y+b)\cdot 2x}{(x^2+y^2)^2},$ 解得 $a=1, b=0.$ 所以 $u(x,y)$
$= \int_{(1,0)}^{(x,y)}\frac{(x+y)dx-(x-y)dy}{x^2+y^2} = \int_1^x \frac{dx}{x} - \int_0^y \frac{x-y}{x^2+y^2}dy = \ln x - \int_0^y \frac{d\left(\frac{y}{x}\right)}{1+\left(\frac{y}{x}\right)^2} + \frac{1}{2}\int_0^y \frac{d(x^2+y^2)}{x^2+y^2}$
$= \ln x - \arctan\frac{y}{x} + \frac{1}{2}\ln(x^2+y^2) - \ln x = \frac{1}{2}\ln(x^2+y^2) - \arctan\frac{y}{x}$

五、1. 如图, 可知 Σ 在 xOy 面上的投影区域为 $D_{xy}: \begin{cases} 0\leqslant x\leqslant 1 \\ 0\leqslant y\leqslant 1-x \end{cases},$ 将 Σ 化为 $z=1-x-y,$ 则 $z'_x = -1, z'_y = -1,$ 所以 $dS = \sqrt{1+z'^2_x+z'^2_y}\,dxdy = \sqrt{1+(-1)^2+(-1)^2}\,dxdy = \sqrt{3}\,dxdy,$
则 $I = \iint\limits_{D_{xy}}[2x+y+(1-x-y)-1]\sqrt{3}\,dxdy = \int_0^1 dx\int_0^{1-x}\sqrt{3}x\,dy = \int_0^1 \sqrt{3}x(1-x)\,dx = \frac{\sqrt{3}}{6}$

2. 积分曲面 $\Sigma: z=5-y,$ 其投影域 $D_{xy} = \{(x,y)\mid x^2+y^2\leqslant 25\}, dS = \sqrt{1+z'^2_x+z'^2_y}\,dxdy = \sqrt{1+0+(-1)^2}\,dxdy = \sqrt{2}\,dxdy,$ 故 $\iint\limits_{\Sigma}(x+y+z)dS = \sqrt{2}\iint\limits_{D_{xy}}(x+y+5-y)dxdy$
$= \sqrt{2}\iint\limits_{D_{xy}}(5+x)dxdy.$ 因为 D_{xy} 关于 y 轴对称, 所以 $\iint\limits_{D_{xy}}x\,dxdy = 0,$ 故 $\iint\limits_{\Sigma}(x+y+z)dS = \sqrt{2}\iint\limits_{D_{xy}}5\,dxdy$

$= 5\sqrt{2} \cdot 25\pi = 125\sqrt{2}\pi$

3. 由高斯公式得,原式 $= \iiint_V 3(x^2+y^2+z^2)\mathrm{d}v = 3\int_0^{2\pi}\mathrm{d}\theta\int_0^{\pi}\mathrm{d}\varphi\int_0^1 r^4\sin\varphi\mathrm{d}r = \dfrac{12}{5}\pi$

4. $I = \dfrac{1}{a^3}\oiint_\Sigma x\mathrm{d}y\mathrm{d}z + y\mathrm{d}z\mathrm{d}x + z\mathrm{d}x\mathrm{d}y = \dfrac{1}{a^3}\iiint_\Omega 3\mathrm{d}V = \dfrac{3}{a^3}\cdot\dfrac{4}{3}\pi a^3 = 4\pi$

5. $\Sigma: z = \sqrt{x^2+y^2}$ 取下侧,补 $\Sigma_1: z = 2, x^2+y^2 \leqslant 4$ 取上侧,则 $I + \iint_{\Sigma_1} = \iiint_\Omega (-4z+8z-4z)\mathrm{d}x\mathrm{d}y\mathrm{d}z = 0, I = -\iint_{\Sigma_1} -4x\mathrm{d}y\mathrm{d}z + 8yz\mathrm{d}z\mathrm{d}x + 2(1-z^2)\mathrm{d}x\mathrm{d}y = -\iint_{x^2+y^2\leqslant 4} 2(1-4)\mathrm{d}x\mathrm{d}y = 24\pi$

6. 取平面 $\Sigma_1: z = 2$,取上侧.则 Σ 与 Σ_1 构成封闭曲面,取外侧.令 Σ 与 Σ_1 所围空间区域为 Ω,由高斯公式,得 $I = \oiint_{\Sigma+\Sigma_1} - \iint_{\Sigma_1} = \iiint_\Omega \mathrm{d}x\mathrm{d}y\mathrm{d}z - \iint_{x^2+y^2\leqslant 1}(9-2^3)\mathrm{d}x\mathrm{d}y = \int_0^{2\pi}\mathrm{d}\theta\int_0^1 r\mathrm{d}r\int_{1-r^2}^2\mathrm{d}z - \iint_{x^2+y^2\leqslant 1}\mathrm{d}x\mathrm{d}y = -\dfrac{\pi}{2}$

六、1. 设 Σ 为平面 $x-y+z=2$ 上 L 所围成部分的上侧,则 Σ 的单位法向量为 $\{\cos\alpha,\cos\beta,\cos\gamma\} = \dfrac{(1,-1,1)}{\sqrt{3}} = \left\{\dfrac{\sqrt{3}}{3},-\dfrac{\sqrt{3}}{3},\dfrac{\sqrt{3}}{3}\right\}, D = \{(x,y)\mid x^2+y^2\leqslant 1\}$ 为 Σ 在 xOy 面上的投影,则由斯托克斯公式,得 $\oint_\Gamma (z-y)\mathrm{d}x + (x-z)\mathrm{d}y + (x-y)\mathrm{d}z = \dfrac{\sqrt{3}}{3}\iint_\Sigma \begin{vmatrix} 1 & -1 & 1 \\ \dfrac{\partial}{\partial x} & \dfrac{\partial}{\partial y} & \dfrac{\partial}{\partial z} \\ z-y & x-z & x-y \end{vmatrix} \mathrm{d}S = \dfrac{\sqrt{3}}{3}\iint_\Sigma 3\mathrm{d}S = \sqrt{3}\iint_\Sigma \mathrm{d}S = \sqrt{3}\iint_{D:x^2+y^2\leqslant 1}\sqrt{1+(-1)^2+1^2}\mathrm{d}x\mathrm{d}y = 3\pi$

2. 设 Σ 为平面 $x+y+z=2$ 上 L 所围成部分的上侧,$D = \{(x,y)\mid |x|+|y|\leqslant 1\}$ 为 Σ 在 xOy 面上的投影.由斯托克斯公式,得 $I = \iint_\Sigma \begin{vmatrix} \cos\alpha & \cos\beta & \cos\gamma \\ \dfrac{\partial}{\partial x} & \dfrac{\partial}{\partial y} & \dfrac{\partial}{\partial z} \\ y^2-z^2 & 2z^2-x^2 & 3x^2-y^2 \end{vmatrix} \mathrm{d}S$,其中 $\{\cos\alpha,\cos\beta,\cos\gamma\} = \left\{\dfrac{\sqrt{3}}{3},\dfrac{\sqrt{3}}{3},\dfrac{\sqrt{3}}{3}\right\}$ 为 Σ 的单位法向量.$I = -\dfrac{2\sqrt{3}}{3}\iint_\Sigma (4x+2y+3z)\mathrm{d}S = -\dfrac{2\sqrt{3}}{3}\iint_\Sigma [4x+2y+3(2-x-y)]\mathrm{d}S = -\dfrac{2\sqrt{3}}{3}\iint_\Sigma (x-y+6)\mathrm{d}S = -\dfrac{2\sqrt{3}}{3}\iint_D (x-y+6)\sqrt{1+(-1)^2+(-1)^2}\mathrm{d}x\mathrm{d}y = -2\iint_D (x-y+6)\mathrm{d}x\mathrm{d}y$. 因为 D 关于两个坐标轴对称,x 和 y 分别为 x 及 y 的奇函数,所以 $\iint_D x\mathrm{d}x\mathrm{d}y = 0, \iint_D y\mathrm{d}x\mathrm{d}y = 0$.于是,有 $I = -12\iint_D \mathrm{d}x\mathrm{d}y = -24$

同步测试 10

一、1. 0 2. πa^3 3. -3 4. $2(x+y+z)$ 5. 2

二、1. C 2. B 3. D 4. C 5. D

三、$P = \mathrm{e}^x - x^2 y, Q = xy^2 - \cos y^2 + y$,则 $\dfrac{\partial Q}{\partial x} - \dfrac{\partial P}{\partial y} = y^2 + x^2$,应用格林公式,原式 $= \iint_D (x^2 +$

147

$y^2)\mathrm{d}x\mathrm{d}y = \int_0^{2\pi}\mathrm{d}\theta\int_0^a r^3\mathrm{d}r = \dfrac{\pi}{2}a^4$.

四、令 $P = \sqrt{x^2+y^2}$, $Q = y\ln(x+\sqrt{x^2+y^2})$, 则 P,Q 在由 x 轴以及 L 围成的区域 D 内部连续并具有连续偏导数, 且 $\dfrac{\partial P}{\partial y} = \dfrac{y}{\sqrt{x^2+y^2}} = \dfrac{\partial Q}{\partial x}$, 所以积分与路径无关, $I = \int_L\sqrt{x^2+y^2}\mathrm{d}x + y\ln(x+\sqrt{x^2+y^2})\mathrm{d}y = \int_\pi^{2\pi}\sqrt{x^2}\mathrm{d}x = \dfrac{3}{2}\pi^2$.

五、因为 $\dfrac{\partial P}{\partial y} = \dfrac{\partial Q}{\partial x} = 2x$ 在整个 xOy 面内都成立, 所以在整个 xOy 面内, 积分 $\int_L 2xy\mathrm{d}x + x^2\mathrm{d}y$ 与路径无关. 如右图所示取折线 $L_{OB}+L_{BA}$ 路径, 得 $\int_L 2xy\mathrm{d}x + x^2\mathrm{d}y = \int_{L_{OB}} 2xy\mathrm{d}x + x^2\mathrm{d}y + \int_{L_{BA}} 2xy\mathrm{d}x + x^2\mathrm{d}y = \int_0^1 1^2\mathrm{d}y = 1$

第五题图

六、Σ 的方程为 $z = \sqrt{x^2+y^2}$, Σ 在 xOy 面的投影为 $D_{xy}=\{(x,y)\mid x^2+y^2\leqslant 1\}$, 又 $\sqrt{1+z_x^2+z_y^2}=\sqrt{2}$, 所以 $\iint_\Sigma (x^2+y^2)\mathrm{d}S = \sqrt{2}\iint_{D_{xy}}(x^2+y^2)\mathrm{d}x\mathrm{d}y = \sqrt{2}\int_0^{2\pi}\mathrm{d}\theta\int_0^1 \rho^3\mathrm{d}\rho$
$= \dfrac{\sqrt{2}}{2}\pi$.

七、应用高斯公式, 这里 $P = x-z$, $Q = x^2$, $R = y^2-z$, $\iiint_\Omega (x-z)\mathrm{d}y\mathrm{d}z + x^2\mathrm{d}z\mathrm{d}x + (y^2-z)\mathrm{d}x\mathrm{d}y$
$= \iiint_\Omega \left(\dfrac{\partial P}{\partial x} + \dfrac{\partial Q}{\partial y} + \dfrac{\partial R}{\partial z}\right)\mathrm{d}x\mathrm{d}y\mathrm{d}z = \iiint_\Omega (1+0-1)\mathrm{d}x\mathrm{d}y\mathrm{d}z = 0$.

八、如右图所示, 取 Σ 为平面 $x+y+z=\dfrac{3}{2}$ 的上侧被 Γ 所围成的部分, Σ 的单位法向量 $\boldsymbol{n} = \dfrac{1}{\sqrt{3}}(1,1,1)$, 即 $\cos\alpha = \cos\beta = \cos\gamma = \dfrac{1}{\sqrt{3}}$. 由斯托克斯公式有 $I = \iint_\Sigma \begin{vmatrix} \dfrac{1}{\sqrt{3}} & \dfrac{1}{\sqrt{3}} & \dfrac{1}{\sqrt{3}} \\ \dfrac{\partial}{\partial x} & \dfrac{\partial}{\partial y} & \dfrac{\partial}{\partial z} \\ y^2-z^2 & z^2-x^2 & x^2-y^2 \end{vmatrix}\mathrm{d}S = -\dfrac{4}{\sqrt{3}}\iint_\Sigma (x+y+$

第八题图

$z)\mathrm{d}S = -\dfrac{4}{\sqrt{3}}\cdot\dfrac{3}{2}\iint_\Sigma \mathrm{d}S = -2\sqrt{3}\cdot\dfrac{3\sqrt{3}}{4} = -\dfrac{9}{2}$. 其中 $\iint_\Sigma \mathrm{d}S = \dfrac{3\sqrt{3}}{4}$ 为边长为 $\dfrac{\sqrt{2}}{2}$ 的正六边形(阴影部分)的面积

11 微 分 方 程

基础练习 11

1. B   2. B   3. A   4. $y'' - y' = 0$ 5. $Ax + B + Cx^2\mathrm{e}^{2x}$ 6. (1) $y = \mathrm{e}^{Cx}$ (2) $\dfrac{y-2x}{y} = Cx^2$ (3) $y = (-x+C)x$ (4) $x = -y^2 - 2 + C\mathrm{e}^{\frac{1}{2}y^2}$ 7. $y = \tan x$

8. (1) $y = (C_1 + C_2 x)e^x + \frac{1}{4}e^{-x}$ (2) $y = (C_1 \cos x + C_2 \sin x) + x\cos x$ 9. $f(x) = e^{2x} \ln 2$

强化训练 11

一、1. $y' = y - x + 1$ 2. $y \arcsin x = x - \frac{1}{2}$ 3. 0 4. 3 5. $y = xe^x - 3e^x + C_1 x^2 + C_2 x + C_3$

6. $y'' + \frac{1}{2}y' - \frac{1}{2}y = e^x$ 7. $y = C_1 e^{-2x} + C_2 e^{2x}$ 8. $y(x) = C_1 e^{-2x} + C_2 e^{-3x}$

9. $\bar{y} = x(ax^2 + bx + c)$ 10. $y = C_1 e^{-x} + C_2 \cos x + C_3 \sin x$

二、1. C 2. D 3. C 4. A 5. A 6. A 7. D 8. C 9. D 10. B

三、1. 原方程变为: $\frac{dy}{y(y+1)} = \frac{dx}{x}$, $\ln \frac{y}{y+1} = \ln x + \ln C$, 即 $\frac{y}{y+1} = Cx$. 由 $y|_{x=1} = 1$, 得 $C = \frac{1}{2}$, 故所求特解为 $x = \frac{2y}{y+1}, y = \frac{x}{2-x}$.

2. 整理得 $\frac{dy}{dx} = 2\sqrt{\frac{y}{x}} - \frac{y}{x}$, 令 $u = \frac{y}{x}$, 则 $y = xu, \frac{dy}{dx} = u + x\frac{du}{dx}$, 所以原方程变为 $x\frac{du}{dx} = 2\sqrt{u} - 2u$, 分离变量得 $\frac{1}{\sqrt{u}(1-\sqrt{u})}du = \frac{2}{x}dx$. 积分得 $\int \frac{1}{1-\sqrt{u}}d\sqrt{u} = \int \frac{1}{x}dx$, $-\ln(\sqrt{u} - 1) = \ln x - \ln C$, 即 $x(\sqrt{u} - 1) = C$, 由于 $u = \frac{y}{x}$, 所以原方程的通解为 $\sqrt{xy} - x = C$.

3. 原方程变形为 $\frac{dy}{dx} - \frac{2x}{1+x^2}y = 3$, 由一阶线性微分方程的通解公式得: $y = e^{\int \frac{2x}{1+x^2}dx} \left(C + \int 3e^{-\int \frac{2x}{1+x^2}dx} dx \right) = (1 + x^2)(C + 3\arctan x)$.

4. 整理得 $y' - \frac{1}{x}y = -xy^2$, 由伯努利方程, 令 $z = y^{-1}$, 得: $\frac{dz}{dx} = -y^{-2}\frac{dy}{dx}$. 所以原式变为 $\frac{dz}{dx} + \frac{1}{x}z = -x$, 由一阶微分方程的通解公式得: $z = \frac{C}{x} - \frac{x^2}{3}$, 所以原方程的通解为 $\frac{1}{y} = \frac{C}{x} - \frac{x^2}{3}$.

5. 令 $P(x, y) = x^2 - y, Q(x, y) = -x, \frac{\partial P}{\partial y} = -1 = \frac{\partial Q}{\partial x}$, 所以原方程为全微分方程, 且易知 $(x^2 - y)dx - xdy = d\left(\frac{x^3}{3} - xy\right)$, 所以原方程的通解为 $\frac{x^3}{3} - xy = C$.

6. 这是一个不显含未知函数 y 的二阶方程. 令 $\frac{dy}{dx} = p(x)$, 则 $\frac{d^2y}{dx^2} = \frac{dp}{dx}$, 于是原方程降阶为 $(1 + x^2)\frac{dp}{dx} - 2px = 0$, 即 $\frac{dp}{p} = \frac{2x}{1+x^2}dx$. 两边积分, 得 $\ln|p| = \ln(1 + x^2) + \ln|C_1|$, 即 $p = C_1(1 + x^2)$ 或 $\frac{dy}{dx} = C_1(1 + x^2)$. 再积分得原方程的通解为 $y = C_1\left(x + \frac{x^3}{3}\right) + C_2$.

四、1. 方程的特征方程为 $r^2 - 6r + 9 = 0$, 其特征根为 $r_1 = r_2 = 3$, 故方程的通解为 $y = (C_1 + C_2 x)e^{3x}$.

2. 特征方程为 $r^2 + 1 = 0$, 特征根为 $r_1 = i, r_2 = -i$, 故对应齐次方程的通解为 $Y = C_1 \cos x + C_2 \sin x$, 易求得 $y'' + y = x$ 的一个特解为 $y_1^* = x, y'' + y = e^x$ 的一个特解为 $y_2^* = \frac{1}{2}e^x$. 由非齐次线性微分方程的叠加原理知, 原方程的一个特解为 $y^* = y_1^* + y_2^* = x + \frac{1}{2}e^x$, 从而原方程的

通解为 $y = C_1\cos x + C_2\sin x + x + \dfrac{1}{2}e^x$.

3. 该微分方程相应的齐次方程为 $y'' + 2y = 0$, 特征方程为 $r^2 + 2 = 0$, 特征根为 $\pm\sqrt{2}i$, 从而齐次方程的通解为 $Y = C_1\cos\sqrt{2}x + C_2\sin\sqrt{2}x$, 其中 C_1, C_2 为任意常数. 设方程 $y'' + 2y = \sin x$ 的特解为 $y^* = c\cos x + d\sin x$, 代入原方程, 求得 $c = 0, d = 1$. 从而 $y^* = \sin x$, 故原方程的通解为 $y = C_1\cos\sqrt{2}x + C_2\sin\sqrt{2}x + \sin x$, 其中 C_1, C_2 为任意常数. 将初始条件代入原方程可得 $C_1 = 1, C_2 = 0$, 故所求得特解为 $y = \cos\sqrt{2}x + \sin x$.

五、1. 两边求导, 得 $\varphi'(x)\cos x + \varphi(x)\sin x = 1$, 即 $\varphi'(x) + \varphi(x)\tan x = \sec x$ 为一阶线性微分方程, 其通解为 $\varphi(x) = e^{-\int\tan x\,dx}\left[\int\sec x \cdot e^{\int\tan x\,dx}dx + C\right] = C\cos x + \sin x$, 又 $\varphi(0) = 1$, 解得 $C = 1$, 故 $\varphi(x) = \cos x + \sin x$.

2. 令 $P = y^2 - 6yf(x) + x^2, Q = y^2 + 2xy - \sin x + f'(x) - 5f(x)$, 则 P,Q 在平面 xOy 内有一阶偏导数, 且 $\dfrac{\partial Q}{\partial x} - \dfrac{\partial P}{\partial y} = -\cos x + f''(x) - 5f'(x) + 6f(x)$. 由已知条件知: $\dfrac{\partial Q}{\partial x} - \dfrac{\partial P}{\partial y} = 0$, 即 $f''(x) - 5f'(x) + 6f(x) = \cos x$. 这是关于 $f(x)$ 的二阶非齐次线性方程, 其通解为 $f(x) = C_1 e^{2x} + C_2 e^{3x} + \dfrac{1}{10}(\cos x - \sin x)$. 由 $f(0) = 1, f'(0) = 2$ 可得 $C_1 = \dfrac{3}{5}, C_2 = \dfrac{3}{10}$, 所以 $f(x) = \dfrac{3}{5}e^{2x} + \dfrac{3}{10}e^{3x} + \dfrac{1}{10}(\cos x - \sin x)$.

同步测试 11

一、1. 三 2. $C_1(x-1) + C_2(x^2-1) + 1$ 3. $y^{-1} = \cos x + C$ 4. $C_1 e^{-x} + C_2 e^{4x}$ 5. 1

二、1. D 2. B 3. C 4. B 5. B

三、1. 解法一: 方程是可分离变量方程, 分离变量, 有 $\dfrac{y}{y^2-1}dy = \dfrac{1}{x-1}dx$; 对两边积分 $\int\dfrac{y}{y^2-1}dy = \int\dfrac{1}{x-1}dx$, 得 $\dfrac{1}{2}\ln|y^2-1| = \ln|x-1| + C_1$, 即 $y^2 - 1 = C(x-1)^2$ 为原方程的通解. 解法二: 若把 x 看作未知函数, 则原方程可化为线性微分方程 $\dfrac{dx}{dy} - \dfrac{1}{y}x = 1$, 由通解公式得 $x = e^{\int\frac{1}{y}dy}\left(\int e^{-\int\frac{1}{y}dy}dy + C\right) = y(\ln y + C)$, 即 $y = Ce^{\frac{x}{y}}$.

2. 原方程为线性非齐次微分方程, 直接由通解公式得 $y = e^{-\int -2x\,dx}\left(\int e^{x^2}\cos x \cdot e^{\int -2x\,dx}dx + C\right) = e^{x^2}\left(\int e^{x^2}\cos x \cdot e^{-x^2}dx + C\right) = e^{x^2}\left(\int\cos x\,dx + C\right) = e^{x^2}(\sin x + C)$.

四、1. 由于 $P(x,y) = 2x\sin y + 3x^2 y, Q(x,y) = x^3 + x^2\cos y + y^2$, 而 $\dfrac{\partial P}{\partial y} = 3x^2 + 2x\cos y = \dfrac{\partial Q}{\partial x}$, 故原方程为全微分方程, 则存在函数 $u(x,y)$, 使 $du(x,y) = P(x,y)dx + Q(x,y)dy, u(x,y) = \int_0^x P(x,0)dx + \int_0^y Q(x,y)dy = \int_0^y (x^3 + x^2\cos y + y^2)dy = x^2\sin y + x^3 y + \dfrac{1}{3}y^3$, 所以原方程的通解为 $x^2\sin y + x^3 y + \dfrac{1}{3}y^3 = C$.

2. 方程不显含 x,设 $y' = p$,则 $y'' = p\dfrac{\mathrm{d}p}{\mathrm{d}y}$,原方程变为 $yp\dfrac{\mathrm{d}p}{\mathrm{d}y} - p^2 = 0$,在 $y \neq 0, p \neq 0$ 时,约去 p 并分离变量,得 $\dfrac{\mathrm{d}p}{p} = \dfrac{\mathrm{d}y}{y}$,对两端积分,得 $\ln|p| = \ln|y| + C_1$,即 $p = Cy$,所以 $y' = Cy$,再分离变量并对两端积分,得 $\ln|y| = Cx + C'$,因此 $y = C_2 \mathrm{e}^{Cx}$。

五、对应齐次方程的特征方程为 $r^2 - 2r - 3 = 0$,得 $r_1 = -1, r_2 = 3$,故对应齐次方程的通解为 $x(t) = C_1 \mathrm{e}^{-t} + C_2 \mathrm{e}^{3t}$;设原方程的特解为 $x^* = a + bt$,代入原方程得 $x^* = \dfrac{1}{3} - t$,故通解为 $x(t) = C_1 \mathrm{e}^{-t} + C_2 \mathrm{e}^{3t} + \dfrac{1}{3} - t$。

六、将所给关系式两边对 x 求导并整理,得 $y'' + 3y' + 2y = 3(x-1)\mathrm{e}^{-x}$;特征方程为 $r^2 + 3r + 2 = 0$,特征根为 $r_1 = -1, r_2 = -2$,对应齐次方程的通解为 $y = C_1 \mathrm{e}^{-x} + C_2 \mathrm{e}^{-2x}$;令 $y^* = x(ax + b)\mathrm{e}^{-x}$,代入原方程,得 $a = \dfrac{3}{2}, b = -6$,故方程的通解为 $y = C_1 \mathrm{e}^{-x} + C_2 \mathrm{e}^{-2x} + x\left(\dfrac{3}{2}x - 6\right)\mathrm{e}^{-x}$;又 $y = f(x)$ 在原点与 $y = x^3 - 3x^2$ 相切,得 $y(0) = 0, y'(0) = 0$;将初始条件代入通解,得 $C_1 = 6, C_2 = -6$,故 $f(x)$ 的表达式为 $y = 6\mathrm{e}^{-x} - 6\mathrm{e}^{-2x} + x\left(\dfrac{3}{2}x - 6\right)\mathrm{e}^{-x}$。

12 无穷级数

基础练习 12

1. D 2. B 3. B 4. C 5. A 6. (1) 收敛 (2) 收敛 (3) 发散 (4) 收敛 7. (1) 条件收敛 (2) 绝对收敛 8. (1) $\left[-\dfrac{1}{3}, \dfrac{1}{3}\right]$ (2) $[0, 2)$ (3) $\left(-\dfrac{1}{2}, \dfrac{1}{2}\right)$ 9. (1) $s(x) = \begin{cases} \dfrac{\ln 3}{x} - \dfrac{\ln(3-x)}{x}, & x \neq 0 \\ \dfrac{1}{3}, & x = 0 \end{cases}$ (2) $s(x) = -\ln(2-x), x \in [0, 2)$ 10. $\sum\limits_{n=0}^{\infty}(-1)^n\left(1 - \dfrac{1}{2^{n+1}}\right)x^n$, $x \in (-1, 1)$ 11. $f(x) = \dfrac{\pi}{4} + \sum\limits_{n=0}^{\infty}\dfrac{(-1)^{2n+1}}{2n+1}, |x| \leqslant 1$ 12. $f(x) = \dfrac{\pi}{2} - \dfrac{4}{\pi}\left(\cos x + \dfrac{1}{3^2}\cos 3x + \dfrac{1}{5^2}\cos 5x + \cdots\right), x \in (-\infty, \infty)$ 13. $f(x) = \sum\limits_{n=1}^{\infty}\dfrac{\sin nx}{n}, x \in (0, \pi]$

强化训练 12

一、1. a 2. $a_1 - a$ 3. $\dfrac{3}{2}$ 4. $1 + a$ 5. $\alpha > \dfrac{1}{2}$ 6. $[0, 2)$ 7. $[-5, 5)$ 8. $R = 2$ 9. 0 10. $-\dfrac{\pi}{2}$

二、1. C 2. B 3. C 4. D 5. C 6. C 7. A 8. A 9. C 10. A

三、1. 级数 $\sum\limits_{n=1}^{\infty}\dfrac{1}{n^3}$ 为 P-级数且 $P = 3 > 1$,故级数 $\sum\limits_{n=1}^{\infty}\dfrac{1}{n^3}$ 收敛,又因为级数 $\sum\limits_{n=1}^{\infty}\dfrac{\ln^n 3}{3^n} =$

$\sum\limits_{n=1}^{\infty}\left(\dfrac{\ln 3}{3}\right)^n$ 为等比级数且公比 $q=\dfrac{\ln 3}{3}<1$,故级数 $\sum\limits_{n=1}^{\infty}\dfrac{\ln^n 3}{3^n}$ 收敛,因此级数 $\sum\limits_{n=1}^{\infty}\left(\dfrac{1}{n^3}-\dfrac{\ln^n 3}{3^n}\right)$ 收敛

2. $\lim\limits_{n\to\infty}\sqrt[n]{\left(1-\dfrac{1}{n}\right)^{n^2}}=\lim\limits_{n\to\infty}\left(1-\dfrac{1}{n}\right)^n=\mathrm{e}^{-1}<1$;由根值法,原级数收敛

3. 令 $u_n=\dfrac{1}{\sqrt{n}}\ln\left(1+\dfrac{1}{n}\right)$,取 $v_n=\dfrac{1}{n\sqrt{n}}$,$\lim\limits_{n\to\infty}\dfrac{u_n}{v_n}=\lim\limits_{n\to\infty}\dfrac{\dfrac{1}{\sqrt{n}}\ln\left(1+\dfrac{1}{n}\right)}{\dfrac{1}{n\sqrt{n}}}=\lim\limits_{n\to\infty}\ln\left(1+\dfrac{1}{n}\right)^n=1$,由比较判别法,级数 $\sum\limits_{n=1}^{\infty}\dfrac{1}{\sqrt{n}}\ln\left(\dfrac{1+n}{n}\right)$ 与 $\sum\limits_{n=1}^{\infty}\dfrac{1}{n\sqrt{n}}$ 有相同敛散性,而级数 $\sum\limits_{n=1}^{\infty}\dfrac{1}{n\sqrt{n}}$ 收敛$\left(p=\dfrac{3}{2}>1\right)$,故级数 $\sum\limits_{n=1}^{\infty}\dfrac{1}{\sqrt{n}}\ln\left(1+\dfrac{1}{n}\right)$ 收敛

4. 由于 $\lim\limits_{n\to\infty}\dfrac{\dfrac{1}{3^n-n}}{\dfrac{1}{3^n}}=\lim\limits_{n\to\infty}\dfrac{1}{1-\dfrac{n}{3^n}}=1$,而 $\sum\limits_{n=1}^{\infty}\dfrac{1}{3^n}$ 收敛,由比较审敛法知,原级数收敛

5. 当 $0<a\leqslant 1$ 时,$a_n=\dfrac{1}{1+a^n}>\dfrac{1}{2}$,$\lim\limits_{n\to\infty}a_n\neq 0$,故级数发散;当 $a>1$ 时,$\lim\limits_{n\to\infty}\dfrac{a_{n+1}}{a_n}=\lim\limits_{n\to\infty}\dfrac{1+a^n}{1+a^{n+1}}=\dfrac{1}{a}<1$,故级数收敛

6. $\rho=\lim\limits_{n\to\infty}\sqrt[n]{u_n}=\lim\limits_{n\to\infty}\dfrac{b}{a_n}=\dfrac{b}{a}$,所以当 $b<a$ 时 $\rho<1$,此时原级数收敛;当 $b>a$ 时 $\rho>1$,此时原级数发散;当 $a=b$ 时,由于 $\{a_n\}$ 单调递增收敛于 a,所以 $a_n\leqslant a(n=1,2,3,\cdots)$,故有 $\dfrac{b}{a_n}\geqslant\dfrac{b}{a}=1$,从而 $\left(\dfrac{b}{a_n}\right)^n\geqslant 1$,所以 $\lim\limits_{n\to\infty}\left(\dfrac{b}{a_n}\right)^n\neq 0$,此时原级数发散

四、1. 令 $u_n=\dfrac{2^n n!}{n^n}\cos\dfrac{n\pi}{5}$,则 $|u_n|\leqslant\dfrac{2^n n!}{n^n}\triangleq v_n$,又 $\lim\limits_{n\to\infty}\dfrac{v_{n+1}}{v_n}=\lim\limits_{n\to\infty}\dfrac{\dfrac{2^{n+1}(n+1)!}{(n+1)^{n+1}}}{\dfrac{2^n n!}{n^n}}=\lim\limits_{n\to\infty}\dfrac{2}{\left(1+\dfrac{1}{n}\right)^n}=\dfrac{2}{\mathrm{e}}<1$,所以 $\sum\limits_{n=1}^{\infty}v_n$ 收敛,因而 $\sum\limits_{n=1}^{\infty}u_n$ 绝对收敛,故 $\sum\limits_{n=1}^{\infty}\dfrac{2^n n!}{n^n}\cos\dfrac{n\pi}{5}$ 收敛

2. 级数为任意项级数,且 $|u_n|=\left|\dfrac{\sin\dfrac{n\pi}{4}}{n(1+n)^3}\right|\leqslant\left|\dfrac{1}{n(1+n)^3}\right|<\dfrac{1}{n^4}$,级数 $\sum\limits_{n=1}^{\infty}\dfrac{1}{n^4}$ 收敛,由比较判别法,原级数绝对收敛

3. 令 $u_n=\dfrac{(-1)^{n+1}}{\pi^{n+1}}\sin\dfrac{\pi}{n+1}$,则 $\lim\limits_{n\to\infty}\left|\dfrac{u_{n+1}}{u_n}\right|=\lim\limits_{n\to\infty}\left|\dfrac{\dfrac{(-1)^{n+2}}{\pi^{n+2}}\sin\dfrac{\pi}{n+2}}{\dfrac{(-1)^{n+1}}{\pi^{n+1}}\sin\dfrac{\pi}{n+1}}\right|=\dfrac{1}{\pi}<1$,所以原级数收敛且是绝对收敛的

4. 设 $f(x)=x-\ln x$,则 $f'(x)=1-\dfrac{1}{x}>0(x>1)$,所以 $f(x)$ 单调增加,$u_n=\dfrac{1}{n-\ln n}$ 单调减少.又由 $\lim\limits_{n\to\infty}\dfrac{\ln n}{n}=\lim\limits_{x\to+\infty}\dfrac{\ln x}{x}=\lim\limits_{x\to+\infty}\dfrac{(\ln x)'}{(x)'}=\lim\limits_{x\to+\infty}\dfrac{1}{x}=0$,知 $\lim\limits_{n\to\infty}u_n=\lim\limits_{n\to\infty}\dfrac{1}{n-\ln n}=\lim\limits_{n\to\infty}\dfrac{1}{n\left(1-\dfrac{\ln n}{n}\right)}=$

0,由莱布尼茨审敛法,原级数收敛. 由于 $u_n = \dfrac{1}{n-\ln n} > \dfrac{1}{n}$, 而 $\sum\limits_{n=1}^{\infty}\dfrac{1}{n}$ 发散, 故原级数为条件收敛.

五、$\lim\limits_{n\to\infty} n^{\frac{1}{2}-\lambda} \cdot n^{\lambda}\sin\dfrac{\pi}{2\sqrt{n}} = \dfrac{\pi}{2}$, 由比较判别法, 当 $\dfrac{1}{2}-\lambda > 1$ 时, 即 $\lambda < -\dfrac{1}{2}$ 时, 级数收敛; 当 $0 < \dfrac{1}{2}-\lambda \leqslant 1$ 时, 即 $-\dfrac{1}{2} \leqslant \lambda < \dfrac{1}{2}$ 时, 级数发散; 当 $\lambda \geqslant \dfrac{1}{2}$ 时, $\lim\limits_{n\to\infty} n^{\lambda}\sin\dfrac{\pi}{2\sqrt{n}} \neq 0$, 级数发散. 综上, $\lambda < -\dfrac{1}{2}$ 时, 级数收敛; $\lambda \geqslant -\dfrac{1}{2}$ 时, 级数发散.

六、1. 设和函数 $s(x) = \sum\limits_{n=1}^{\infty}\dfrac{x^{2n-1}}{2n-1}$, $|x|<1$, 则 $s'(x) = \sum\limits_{n=0}^{\infty} x^{2n} = \dfrac{1}{1-x^2}$, $|x|<1$. 又 $s(0) = 0$, 故 $s(x) = \int_0^x s'(t) dt = \dfrac{1}{2}\ln\dfrac{1+x}{1-x}$, $|x|<1$; $\sum\limits_{n=1}^{\infty}\dfrac{1}{(2n-1)4^n} = \dfrac{1}{2} \cdot s\left(\dfrac{1}{2}\right) = \dfrac{1}{4}\ln 3$.

2. (1) 由于 $\lim\limits_{n\to\infty}\left|\dfrac{u_{n+1}}{u_n}\right| = \lim\limits_{n\to\infty}\dfrac{(2n+3)}{(n+1)!} \cdot \dfrac{n!}{(2n+1)}|x|^2 = 0$, 所以 $R = +\infty$, 收敛域为 $(-\infty, +\infty)$; (2) 令 $f(x) = \sum\limits_{n=1}^{\infty}\dfrac{2n+1}{n!}x^{2n}$, $-\infty < x < +\infty$, 两边从 0 到 x 积分得 $\int_0^x f(x)\mathrm{d}x = \sum\limits_{n=1}^{\infty}\dfrac{2n+1}{n!}\int_0^x x^{2n}\mathrm{d}x = \sum\limits_{n=1}^{\infty}\dfrac{1}{n!}x^{2n+1} = x\sum\limits_{n=1}^{\infty}\dfrac{x^{2n}}{n!} = x\left(\sum\limits_{n=0}^{\infty}\dfrac{x^{2n}}{n!} - 1\right) = x(e^{x^2}-1)$. 对上式两边再求导得 $f(x) = [x(e^{x^2}-1)]' = (2x^2+1)e^{x^2} - 1$, $-\infty < x < +\infty$. 即 $\sum\limits_{n=1}^{\infty}\dfrac{2n+1}{n!}x^{2n} = (2x^2+1)e^{x^2}-1$, $-\infty < x < +\infty$.

(3) 因为 $\sum\limits_{n=1}^{\infty}\dfrac{2n+1}{n!}2^n = \sum\limits_{n=1}^{\infty}\dfrac{2n+1}{n!}(\sqrt{2})^{2n} = f(\sqrt{2}) = (2(\sqrt{2})^2+1)e^{(\sqrt{2})^2} - 1 = 5e^2 - 1$, 所以 $\sum\limits_{n=0}^{\infty}\dfrac{2n+1}{n!}2^n = 1 + \sum\limits_{n=1}^{\infty}\dfrac{2n+1}{n!}2^n = 5e^2$.

七、1. $\dfrac{1}{x^2+4x+3} = \dfrac{1}{2}\left(\dfrac{1}{x+1} - \dfrac{1}{x+3}\right) = \dfrac{1}{2}\left[\sum\limits_{n=0}^{\infty}(-1)^n x^n - \sum\limits_{n=0}^{\infty}(-1)^n\dfrac{x^n}{3^{n+1}}\right]$

2. $\dfrac{1}{(2-x)^2} = \left(\dfrac{1}{2-x}\right)' = \left(\dfrac{1}{2} \cdot \dfrac{1}{1-\frac{x}{2}}\right)' = \dfrac{1}{2}\left[\sum\limits_{n=0}^{\infty}\left(\dfrac{x}{2}\right)^n\right]' = \dfrac{1}{2}\sum\limits_{n=1}^{\infty}\dfrac{n x^{n-1}}{2^n}$, $x \in (-2, 2)$

3. $\ln x = \ln[2+(x-2)] = \ln 2 + \ln\left[1+\dfrac{x-2}{2}\right] = \ln 2 + \sum\limits_{n=0}^{\infty}\dfrac{(-1)^n}{(n+1)2^{n+1}}(x-2)^{n+1}$

八、$f'(x) = \arctan x + \dfrac{x}{1+x^2} - \dfrac{x}{1+x^2} = \arctan x$, $f''(x) = \dfrac{1}{1+x^2} = \sum\limits_{n=0}^{\infty}(-1)^n x^{2n}$, $|x|<1$, 而 $f'(0) = 0$, 所以 $f'(x) = \int_0^x f''(x)\mathrm{d}x = \int_0^x \left[\sum\limits_{n=0}^{\infty}(-1)^n x^{2n}\right]\mathrm{d}x = \sum\limits_{n=0}^{\infty}(-1)^n\dfrac{x^{2n+1}}{2n+1}$, $|x|<1$, 又因 $f(0) = 0$, 所以 $f(x) = \int_0^x f'(x)\mathrm{d}x = \sum\limits_{n=0}^{\infty}(-1)^n\dfrac{x^{2n+2}}{(2n+1)(2n+2)}$, $-1 \leqslant x \leqslant 1$, 令 $x = 1$, 得 $\sum\limits_{n=1}^{\infty}\dfrac{(-1)^{n-1}}{n(2n-1)} = 2\sum\limits_{n=0}^{\infty}(-1)^n\dfrac{1}{2(n+1)(2n+1)} = 2f(1) = \dfrac{\pi}{2} - \ln 2$.

九、$f(x)$ 为偶函数, 故 $b_n = 0$, $a_0 = \dfrac{2}{\pi}\int_0^{\pi}(2+x)\mathrm{d}x = \pi(4+\pi)$, $a_n = \dfrac{2}{\pi}\int_0^{\pi}(2+x)\cos nx \mathrm{d}x = \dfrac{2}{n^2}[(-1)^n$

$-1]$,将 $f(x)$ 偶延拓后在 $(-\infty,+\infty)$ 上连续,故 $2+|x|=\dfrac{\pi(4+\pi)}{2}-4\sum\limits_{k=1}^{\infty}\dfrac{1}{(2k-1)^2}\cos(2k-1)x, x\in(-\infty,+\infty)$.

十、$s(0)=\dfrac{f(0^+)+f(0^-)}{2}=\dfrac{1}{2}, s(1)=f(1)=2, s(-\pi)=\dfrac{f(-\pi^+)+f(-\pi^-)}{2}=\dfrac{1-\pi}{2}$.

同步测试 12

一、1. 发散 2. s 3. $(-3,7]$ 4. 0 5. $p\leqslant 0$

二、1. A 2. B 3. B 4. B 5. B

三、1. 因为 $2n > 2n-1 \geqslant n$,所以 $\dfrac{1}{2n(2n-1)} < \dfrac{1}{n^2}$,而级数 $\sum\limits_{n=1}^{\infty}\dfrac{1}{n^2}$ 收敛,因此级数 $\sum\limits_{n=1}^{\infty}\dfrac{1}{2n(2n-1)}$ 收敛.

2. $\lim\limits_{n\to\infty}\dfrac{e^{\frac{1}{n^2}}-1}{\frac{1}{n^2}}=1$,故原级数与 $\sum\limits_{n=1}^{\infty}\dfrac{1}{n^2}$ 同收敛.

3. $\lim\limits_{n\to\infty}\dfrac{u_{n+1}}{u_n}=\lim\limits_{n\to\infty}\dfrac{n+1}{10}=\infty$,故原级数发散.

4. $\lim n^{\frac{3}{2}}\sqrt{n+1}\left(1-\cos\dfrac{\pi}{n}\right)=\dfrac{1}{2}\pi^2$,故原级数收敛.

四、1. $\lim\limits_{n\to\infty}|u_n|=\lim\limits_{n\to\infty}\dfrac{1}{\ln n}=0$,且 $\left\{\dfrac{1}{\ln n}\right\}$ 是单调递减数列,由莱布尼茨判别法知原级数收敛.

2. 因为 $\dfrac{n\cos^2\frac{n\pi}{3}}{2^n}\leqslant\dfrac{n}{2^n}$,利用比较审敛法需判定 $\sum\limits_{n=1}^{\infty}\dfrac{n}{2^n}$ 的敛散性. 而对于 $\sum\limits_{n=1}^{\infty}\dfrac{n}{2^n}$,因为 $\lim\limits_{n\to\infty}\dfrac{u_{n+1}}{u_n}=\lim\limits_{n\to\infty}\dfrac{\frac{n+1}{2^{n+1}}}{\frac{n}{2^n}}=\dfrac{1}{2}<1$,所以由比值审敛法知 $\sum\limits_{n=1}^{\infty}\dfrac{n}{2^n}$ 收敛,故 $\sum\limits_{n=1}^{\infty}\dfrac{n\cos^2\frac{n\pi}{3}}{2^n}$ 收敛,且绝对收敛.

五、$\lim\limits_{n\to\infty}\left|\dfrac{a_{n+1}}{a_n}\right|=\lim\limits_{n\to\infty}\dfrac{n+1}{n}=1$,故收敛半径为 1,$x=\pm 1$ 时级数发散,故当 $x\in(-1,1)$ 时,$s(x)=\sum\limits_{n=1}^{\infty}nx^{n+1}=x^2\sum\limits_{n=1}^{\infty}nx^{n-1}=x^2\sum\limits_{n=1}^{\infty}(x^n)'=x^2\left(\sum\limits_{n=1}^{\infty}x^n\right)'=x^2\left(\dfrac{x}{1-x}\right)'=\dfrac{x^2}{(1-x)^2}$.

六、$f(x)=\dfrac{1}{x}=\dfrac{1}{2+(x-2)}=\dfrac{1}{2}\cdot\dfrac{1}{1+\frac{x-2}{2}}=\dfrac{1}{2}\left[1+\dfrac{x-2}{2}+\left(\dfrac{x-2}{2}\right)^2+\cdots+\left(\dfrac{x-2}{2}\right)^n+\cdots\right]$.

七、将 $f(x)$ 进行奇延拓,则 $f(x)=x(-\pi\leqslant x\leqslant\pi)$,所以 $a_n=0(n=0,1,2,\cdots), b_n=\dfrac{2}{\pi}\int_0^{\pi}x\sin nx\,dx=(-1)^{n+1}\dfrac{2}{n}$,所以 $f(x)=\sum\limits_{n=1}^{\infty}(-1)^{n+1}\dfrac{2}{n}\sin nx(0\leqslant x<\pi)$,当 $x=\pi$ 时,级数收敛于 0.